南秀华　编著

电磁波的魔力

Electromagnetic waves

河北出版传媒集团
河北科学技术出版社

图书在版编目（CIP）数据

电磁波的魔力 / 南秀华编著 . — 石家庄：河北科学技术出版社，2012.11（2024.1 重印）

（青少年科学探索之旅）

ISBN 978-7-5375-5546-3

Ⅰ . ①电… Ⅱ . ①南… Ⅲ . ①电磁波－青年读物②电磁波－少年读物 Ⅳ . ① O441.4-49

中国版本图书馆 CIP 数据核字 (2012) 第 274568 号

电磁波的魔力

南秀华　编著

出版发行	河北出版传媒集团　河北科学技术出版社	
地　址	石家庄市友谊北大街 330 号（邮编：050061）	
印　刷	文畅阁印刷有限公司	
开　本	700×1000　1/16	
印　张	12	
字　数	130000	
版　次	2013 年 1 月第 1 版	
印　次	2024 年 1 月第 4 次印刷	
定　价	36.00 元	

前　言

　　电磁波是一种奇妙的自然现象。这种既看不见又摸不到的东西，现在已广泛而深刻地影响着我们的生活和社会的各个方面。那么，电磁波奇在哪里？又妙在何处呢？它又是怎样影响到我们的生活和如何影响着我们人类社会发展的进程呢？对此，广大青少年朋友一定有着强烈的好奇心和急切的探寻欲望。

　　本书用生动的语言、有趣的故事、简洁的插图，系统地介绍了从古至今人类对电与磁的认识过程，科学家们对电磁波有趣的探索和发现过程，以及电磁波在通讯、军事、航天、工业、农业、医疗、日常生活等诸多方面奇妙的用途。从书中青少年朋友可以了解到，正是这个既看不见又摸不着的"怪物"，使我们人类社会发生了巨大的变化。电磁波在加速社会发展的同时，也使人们的生活品位越来越高。不仅如此，随着电磁波及其他相关高新技术的应用，在不久的将来，人们还将会在宇宙空间和其他星球上建立起生活的居所，到那个时候，我们可真的就要到"天堂"上去生活了。

　　书中在介绍电磁波知识的同时，还巧妙地插入了科学家们从事电磁波研究的有趣的故事，深入浅出地讲述了他们那种对科学事业的热爱和探索精神。在倡导科学创新的今天，前辈科学家们的高尚品质，我们更应当全面继承并发扬光

大。青少年朋友们在书中还可以发现，在人类对电磁波认识的漫长岁月里，既有赫赫有名的科学家，也有凭着自己强烈的兴趣执着追求的"普通人"，他们同样对电磁波的研究做出了巨大的贡献，因此也进入了科学家的行列。

社会的发展需要电磁波，社会的发展更需要掌握了电磁波科学知识的年轻一代。青少年朋友一定了解一些电磁波的知识，但电磁波漫长而又充满惊心动魄的发展过程你又知道多少呢？更有什么样的辉煌前景等待着电磁波去发挥作用呢？相信读完本书后你会大开眼界，不仅能获得丰富而有趣的知识，而且对你的科学思想的培养和科学素养的提高，也将大有益处。

本书既是了解电磁波的"向导"，也是培养青少年朋友学习科学、热爱科学的助手。希望青少年朋友们在阅读本书后，能引起对电磁波的兴趣，培养并增强你们探索科学世界的勇气和信心。

南秀华

2012年10月于石家庄

目 录

五 电磁波处处显神通

六 电磁波太空摆战场

电磁波技术新趋向

一、电的有形与无形

大家都知道，电是我们的好朋友，我们工作、学习、生活都离不开它，经常要和它打交道。那么，电到底是怎么回事呢？

说来话长，大约在2500多年以前，古希腊人就开始对电有了接触。不过他们不可能了解到后来电对人类产生的巨大影响。现在，数不清的高新技术，很多都与电有着密切的联系，而这一切，可以说都是始于古希腊人对"电"的认识。现在，就让我们从头说起吧！

● 古老的问题和无形的物质

很早以前，古希腊人就发现：用一种名叫琥珀的东西与毛皮相互摩擦以后，就能吸引轻小的物体。后来又发现差不多任何两种非金属物体，在它们相互摩擦以后，都可以产生类似的现象，这就是青少年朋友熟悉的"摩擦起电"。我国

早在汉朝时期，著名学者王充在《论衡》一书里也有类似的记载。

那么大家自然就会想到，为什么摩擦就能起电呢？"起电"具体又是怎么回事呢？对于这个古老而又看似简单的问题，经过了2000多年，一直到20世纪初，在人类对物质结构有了一些基本认识之后才搞清楚。

人们发现，任何两种物体相互摩擦之后，总有一个物体得到一些多余的电子，称为"荷负电"，也叫带上了负电荷；另一个物体失去了同样数量的电子，称为"荷正电"，也叫带上了正电荷。而且，人们还发现无论什么时候都不存在除正、负电荷以外的第三种电荷。

人们还认识到，在摩擦起电的过程中，电子从一个物体转移到另一个物体上，电子的数量既没有增加，也没有减少，其总数是不变的。这就是公认的电荷守恒定律，它是自然界中的一个普遍的规律。

大量的事实还显示出：两个带电物体在没有直接接触的情况下，仍然有相互作用力的存在，而且满足同种电荷相斥、异种电荷相吸的规律。这里又给我们带来一个疑问：是什么东西作为中间媒介物来传递这种力的作用呢？对这个问题人们探讨了很长时间，最终认识到：任何带电体周围都有一种特殊的物质，说它特殊是因为它不是由分子、原子组成，是无形的；说它是物质是因为它具有物质的基本属性，如具有能量、动量等，它是不依人的意志为转移的客观存

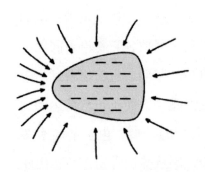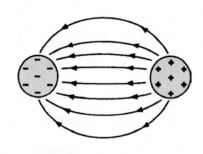

带电物体周围存在一种看不见的物质——电场

在。人们就把这种特殊的物质叫作电场，正是以这种电场物质为媒介物，才传递了电荷之间的相互作用力，这种力就叫作"电场力"。静止电荷产生的电场叫静电场，静电场对电荷施加的作用力叫静电场力。

为了计算上的方便，人们规定：正电荷所受电场力的方向，就是该点处的电场方向；把表示电场方向的一些带有箭头指向的线段，叫作电力线，用电力线的疏密程度来表示电场强弱的相对大小。

前边我们已经说过电场是有能量的，为了进一步了解这方面的情况，我们先看看如下实验：将远离带正电球体的小正电荷向球体推进，由于正电荷之间的斥力作用，推的人将会感到一个反作用力。这说明推的人要消耗一定能量才能将小正电荷放在带正电球体的附近。也就是说，当小正电荷接近球体时，必须给小正电荷一定的能量，所给能量的大小，也就是小正电荷所获得的能量。但这个能量是小正电荷与大的带正电球体所共有的，我们称它为电势能，它与小正电荷

移动后所处的位置有关，还与小正电荷的电量以及带正电的大球体的电量有关。如果小正电荷被释放，它将沿着同性电荷相斥的方向移动，随着小正电荷的移动，它将逐渐远离带正电的大球体。这时电势能将逐渐减小，而小正电荷运动的能量将增加。这就是电势能向动能的转换，电势能减少多少，小正电荷的动能就增加多少，服从能量守恒定律。由此可见，电场确实是有能量的，而能量是物质的基本属性，所以说电场是客观存在的一种特殊的物质。

现在我们知道了物质有两种存在形式，一种是实体物质，它是有形的；另一种就是无形的场物质。

● 能装电的瓶子

17世纪中叶，根据摩擦起电的道理，人们制造了能够携带大量电荷的静电起电机。但是那时人们还不知道怎样保存电荷，每次用电时都使用静电起电机起电，很不方便。这时，有的人就在思考：粮食可以装在麻袋里，水可以装在水桶里，电是看不见、摸不着的东西，能不能也想个什么办法把它装起来呢？

1745年，荷兰莱顿大学的马森布罗克在做电学实验的时候，无意中把一根带电的铁钉放在了玻璃瓶里。不一会儿，当他要把铁钉取出来时，一手拿着瓶子，另一只手刚触及到铁钉，意外地感受到了电的刺激。马森布罗克又重复实验了多次，每次都有这样的感觉。后来，他把起电机携带的电荷用金属线引出来，通进一个玻璃瓶子里。当把起电机拿走以后，他一手握瓶、一手触及金属线时，竟然受到了更加强烈的电刺激，他说"手臂和身体产生了一种无法形容的恐怖感觉，我以为自己的命要没了"。

不久，马森布罗克公布了自己这个意外的发现：把带电的物体放进玻璃瓶里，就可以把电保存起来。多少年来，有多少人为找存放电荷的方法冥思苦想没有成功，而马森布罗克却在无意中解决了这个难题。这真是"有心栽花花不开，无意插柳柳成荫"。

马森布罗克的发现，诞生了电学史上第一个保存电荷的容器。它是一个玻璃瓶，瓶里瓶外分别贴有锡箔，瓶里的锡箔通过金属链跟金属棒连接，棒的上端是一个金属球，露在瓶的外面。由于这个装置是在莱顿城首先制成的，所以叫作莱顿瓶。

莱顿瓶充电时，让带电体跟莱顿瓶上的金属球接触，瓶里的锡箔会通过金属链带上与带电体同性的电荷。由于静电感应的原因，在瓶外锡箔的内表面将出现

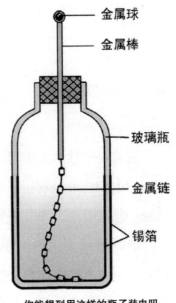

金属球
金属棒
玻璃瓶
金属链
锡箔

你能想到用这样的瓶子装电吗

与瓶里锡箔异性的电荷，而瓶外锡箔的外表面将出现与瓶里锡箔同性的电荷。用接地的导线与瓶外锡箔的外表面接触就可以把外表面的电荷引入大地，再把这个导线撤去，这样就使瓶外锡箔内表面的电荷保留了下来。然后将带电体撤走以后，瓶里锡箔所带的电荷就可以保留一段比较长的时间了。

如果我们用一个有绝缘把的金属叉（也叫放电叉），使它的一端接触莱顿瓶外的锡箔，另一端靠近金属球，这时就会出现电火花。这就是里外锡箔的异性电荷发生的中和放电现象。在放电以后，莱顿瓶上就不再带有电荷了。

直到今天，莱顿瓶作为最简单的贮电容器，仍然是电学实验中的一种重要的仪器。后来，在莱顿瓶基础上发展起来的电容器，广泛应用在无线电技术的各个方面，成为发展现代科学技术不可缺少的电器元件。

● 静电的妙用

随着科学技术的发展，静电现象在生产上得到了广泛的应用。人们巧妙地利用正负电荷之间的相互作用，进行静电植绒、静电喷漆、静电除尘等。

静电植绒是纺织工业的一种新技术。它由绝缘支架支撑着的金属网和金属板分别接到高压直流电源的负极和正极上，使它们相应地带上负电和正电。植绒的时候，绒毛从金属网上方落下，在它通过金属网的时候，由于和金属丝接触而带上负电。带了负电的绒毛穿过金属网以后，就受到下方带正电金属板和平铺在板上的纺织品的吸引而迅速下落。在纺织品上要植绒的地方，事先涂上黏合剂，因此落到这些地方的绒毛就被粘住了。绒毛落在没有涂黏合剂的地方，由于和带正电的纺织品接触而带正电，被带负电的金属网吸引，便飞回到了网上又重新带上了负电，又被金属板上的正电荷所吸引再落下来。这样，在很短的时间内，就可以在涂有黏合剂的地方，出现植得非常紧密的绒毛花纹。这种技术的优点主要是工艺过程比较简单，植绒的质量较好，工作效率也高。

静电喷漆的原理是：将喷漆杯和被喷漆零件分别接到高压直流电源的负极和正极上，这样就使被喷漆零件带上正电，喷漆杯带上负电，从而使喷漆杯喷出的油漆微粒也带上了负电。由于正负电荷的相互吸引，油漆微粒刚从喷漆杯中喷出，立即就被零件吸引过去，附着在零件表面上。静电喷漆新工艺的优点是节省油漆，工作效率高，质量好，对操作

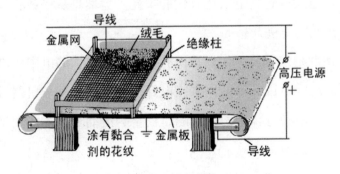

静电植绒装置示意图

人员的健康也有利。

静电除尘是一种净化空气的有效方法。静电除尘的基本原理是：设法把空气电离，使尘粒带上电荷，然后利用异号电荷相互吸引作用，把尘粒收集起来。在一些精密仪器设备制造中，因为对空气的洁净程度要求很高，这时常采用静电除尘技术。静电除尘还用于烟囱除尘，粉尘车间除尘，舰艇轮机舱的消烟除尘，汽车和机车废气中有害气体的消除，水泥粉尘和氧化铝粉尘的回收等方面。

此外，静电的应用还有静电喷砂、静电复印等许多方面。

你大概没有想到吧！古老而又简单的静电，它的应用天地竟然这样广阔，你看多么奇妙呀！

不过，静电有时也有害处，如何防范静电危害已发展成一门独立的学科，越来越引起人们的重视。

● 青蛙腿引出的重大发现

谁也没有想到电气化时代的曙光，竟然是从一条青蛙腿引发出来的奇迹开始的。

18世纪末以前，人们认识的电只是静电，静电中的电荷是不流动的。因此不能用来点电灯，也不能用来开机器。只有带电微粒在导体中做定向的、稳定的流动时，才能用来点电灯、开机器。

1790年，意大利物理学家、生物学家伽伐尼专心进行着解剖青蛙的研究。一天，他用铜钩钩住刚解剖的青蛙腰部的神经，把青蛙下半身挂在了铁架上。他无意中使青蛙腿碰到了铁架，这时他奇怪地发现：青蛙腿突然抽缩了几下。伽伐尼是个学风严谨的人，他没有放过这个偶然的发现，继续进行了多次实验和深入的研究，他小心地用一根铁筷子把青蛙腿和铁架子连接起来。结果发现：在每一次接触的时候，青蛙腿上的肌肉都会发生明显的抽动。

在这之前，伽伐尼曾经做过用莱顿瓶或起电机给青蛙腿瞬时通电的实验。在每次通电的时候，总会发现青蛙腿上的肌肉受到电的刺激后而抽缩。

伽伐尼对以上两种情况进行了对比，他自然联想到：青蛙腿的抽缩也是一种放电效应。他认为：青蛙腿由于某种生理过程，使肌肉和神经各自带有相反的电荷；当铁架和青蛙腿接触的时候，神经和肌肉的电荷接通，于是就出现了"动物电"，正是这种"动物电"刺激青蛙腿的肌肉发生了抽缩。因此，他认为：活着的动物机体很有点像莱顿瓶。

1791年，伽伐尼公布了自己的发现，引起了生物学家和物理学家们的极大兴趣。但不久，物理学家伏打提出了不同的看法。伏打发现，把两个不同的金属导体两端连接起来，再用它们的另外两端同时去接触青蛙腿的神经，发现青蛙腿仍然会抽缩。用它们的两端去碰触自己的舌头，立即感到有电的刺激而发麻。用它们的两端去碰触自己的眼睛，还可以觉察到闪光。一旦两种不同的金属导体连接点断开，上

电气化的曙光难道从这里开始吗

述现象就马上消失了。通过这些实验事实，伏打认为：使青蛙腿肌肉抽缩的电，不是"动物电"，而是由于两种不同金属导体相接触而产生的"金属电"。

伏打的不同意见引起了伽伐尼的重视，他又进行了更加严密的实验。他不用铜钩或铁筷子，也不用铁架，而是剥出青蛙腿上的一根神经，一头绑在另一条腿上，一头和脊椎接触，结果发现青蛙的腿仍然会抽缩，而且经过多次实验都得到了相同的结果。这无可非议地证明，引起青蛙腿抽缩的电刺激，确实来自青蛙本身，这说明动物体内能产生电流的结论是正确的。由此就发展起了一门新的学科——电生理学。

但是，伏打的观点也是由实验证明的，因此也是对的。1794年，伏打发表了他的论文，指出了形成金属电的条件是不同的金属导体必须放到溶液里去，在青蛙实验中，湿的青蛙腿就起到了溶液的作用。伏打还指出，碳也可以当作一种金属导体来使用。在这些思想认识的基础上，1800年，伏打发明了使人类第一次获得"连续不断"的电流的一种装置，因为这种装置能不断地提供电流，所以就称为"电池"。由于是伏打发明的，所以叫"伏打电池"。它是一种把化学能直接转化成电能的电源，称为化学电池。

伏打电池的出现，标志着电学进入了一个崭新的发展阶段，从此，升起了电气化时代的曙光。这就是青蛙腿为人类做出的巨大贡献！

由一条青蛙腿就引出了一项重大发现"动物电"和一项重大发明"伏打电池"。大家说这是不是科学史上的稀奇事呀！

● 历史的误会

我们都知道，化学电池有两个电极，一个是保存有多余正电荷的正极，另一个是保存有多余负电荷的负极。现在，我们一起来做如下一个实验：

用导线把电池、小电珠和一个零点在刻度盘中央的电流表连接起来，这就组成了一个闭合电路。这时就会看到小电珠发光了，同时电流表的指针向一边偏转。再把连接电池正负极的导线对换一下，发现电流表的指针就向另一边偏转。上面的小实验说明导线中的电流是有方向的，导线中的电流是由带负电的电子作定向移动形成的，因此电流方向应该规定为负电荷移动的方向。但是物理学家们偏偏规定：正电荷的移动方向是电流的方向，这和电子真实移动的方向正好相反。因

为在规定电流方向的时候，电子还没有发现，人们以为是正电荷的移动形成了电流，所以就把正电荷的移动方向规定为电流的方向。到了1897年，英国人汤姆逊发现了电子。在这之后，人们才知道电流是电子的移动而形成的，电子又是带负电的，所以在金属导线中，负电荷的运动方向应是电流的实际方向。唉！这样误会的结果常常令初学电流的人面对电流方向和电子运动方向百思不得其解，还真麻烦呢！大家也许会问："为什么不把原来对电流方向的规定更正过来呢？"

这是因为，如果改过来的话，对金属导体来说自然电流方向与带负电荷电子的移动方向一致了，但是对液体或气体导电来说，仍然会遇到困难。因为在液体及气体导电中，电流是由带有正、负电荷的正、负离子，沿着相反的方向作定向移动形成的。无论把哪种方向规定为电流方向，总会出现某种电荷移动的方向和规定的电流方向相反的情况。所以上边说到的历史的误会，就一直没有更正过来，而且沿用到今

自由电子好像一群在树林中玩耍的小孩

天。现在人们已经形成共识：正电荷的运动方向是电流的方向。

我们不妨打一个比喻。把在金属导线中可以自由运动的电子，比作许许多多分散在树林里互相追赶着玩耍的小孩子，而把失去最外层电子的原子（称为正离子），比作在森林里随风摇动的树木。把金属导线接上电源以后，导线中的自由电子在电场力的作用下，就会向一定的方向移动，形成电流。这就好比一声令下，原来在森林里自由玩耍的小孩都向一个方向跑去，形成人流，而树木还是停在原来的位置上摆动。本来小孩们跑的方向是人流的方向，但一开始弄错了，把树木相对于人移动的方向说成了人流的方向，这就造成了相反的结果。在这个比喻中，小孩们跑的方向就是人流的方向已得到人们的共识，所以也就不再反过来说了。

● 电流效应知多少

谁都没有直接看见过电流，但是谁都知道日常生活中许多东西离开了电不行，都知道电的威力强大无比，这就涉及电流的各种效应，有些效应还奇特得令人难以想象。现在，我们就简单谈谈这方面的情况。

我们先谈谈电流的热效应。1800年，伏打电池发明以后，人们发现电流通过导体时，导体会发热，这就是电流的热效应。它和哪些因素有关呢？第一个用实验揭开这个秘

密，并且做出精确的定量计算的，是英国青年物理学家焦耳。1840年，22岁的焦耳做了通电导体发热的实验，他巧妙地设计了实验装置，把通电的电阻丝放在纯净的水中，用电阻丝产生的热量使水升高温度，温度升多少由温度计测出。焦耳废寝忘食地进行实验，终于发现了一个重要的规律：电流通过导体放出的热量，跟电流强度（指单位时间流过导体截面积的电量）的平方、导体的电阻、通电时间三者成正比。1842年，俄国物理学家楞次也独立地发现了这一定律，这就是焦耳—楞次定律的由来。

电流热效应有着广泛的应用。大家所熟悉的电炉、电烙铁、电熨斗、电烤箱、电热器等各种电热设备，都是以焦耳定律作为理论依据设计的。电流热效应还被用来焊接金属，爆破时引发炸药，军事上引爆地雷，现代养鸡场里用来孵化小鸡，科学实验中热恒温箱，电热保暖服等。但也应注意，电流热效应有时也会带来危害，比如烧坏 器件，甚至引起火灾和人员伤亡。为了防止这些危害，人们已经能有效地采取冷却措施和保险措施，保证了人员和设备的安全。

我们再来看一看电流的化学效应。电流通过导电溶液时，溶液会发生化学变化，这种现象就叫作电流的化学效应。在盛有硫酸铜溶液的玻璃杯里，直立放入两根炭棒，用导线把它们和直流电源相连接，溶液中就有电流通过。过几分钟以后就会看到，和电源负极相连的炭棒上出现了一层红色的铜，这层铜就是硫酸铜溶液在电流的作用下发生化学变化后分解出来的。利用电流的化学效应，可以电镀各种金属制品，使它们的表面更加光亮，提高耐磨和防锈的能力。利用电流的化学效应，能提炼高纯度的金属，比如电解铜，可以得到纯度为99.999％的铜。还可以通过电解水的方法，制取氢和氧，为寻找新能源提供了条件。

温差电效应。1821年，德国物理学家塞贝克发现了如下一种奇怪的现象：把两根铜丝接在电流表的两个接线柱上，使两根铜丝的另外两端分别与一根铁丝的两端相缠绕在一起。然后，把相缠绕的一端放在盛有冰水混合物的容器里（冷接头），保持低温；另一端放到火焰上加热，使它升到很高的温度（热接头）。这时候就可以发现电流表的指针发生了偏转，这说明电路里有了电流。这种电流当时叫作热电流，后来就叫成了温差电流。温差电流的大小同两种金属的性质有关，还与两个接点上的温度差有关。温差电效应可以用来测量温度，制成灵敏度很高的温差电偶温度计。对于半导体来说，这种效应用处更大，可以制备温差电池，用来发电或作为电源使用。

电致伸缩效应。在自然界中有些物体的性能很特别，像石英、电气石等晶体，在它们的两个表面上施加压力或拉力，两个表面就会分别显示出正、负电性。这种现象就叫作"压电现象"。反过来，把这类晶体的两个表面和电源的正、负极相连，就会发现在电流流过晶体的时候，晶体就会发生机械形变，伸长或收缩。这种现象就叫作"电致伸缩"。利用电致伸缩原理，可以制造超声波发生器、晶体耳机等。

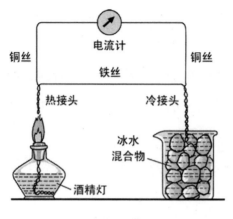

温差电现象

最后，我们再看一看电流的生物效应。自从伽伐尼发现动物电以后，电流的生物效应越来越引起了人们的关注。在长期的研究和实践中，人们逐渐认识到各种生物体都有生物电流的存在。大家都知道的心电图、脑电图，就是把人体心脏或脑部产生的电流，经过仪器处理后再显示出来的图像。外界电流对人体的各个部位能产生不同程度的影响，这也是电流的生物效应。早在18世纪中叶，就有人用电治疗过麻木的手指。现在，电疗已成为常见的一种治疗手段。有的科学家还设想，如果把声音信号变成电信号，然后用它去刺激聋人的适当部位，就有可能使他们的听觉得以恢复，这可能会给成千上万的耳聋病人带来福音。

此外，还有电流的磁效应，这也是本书主要讨论的内容之一，在以后的内容中你还可以看到"电"与"磁"种种奇妙的关系。

二、磁的具体与抽象

人类最初认识磁是从发现天然磁石开始的。我们中国人把天然磁石叫作"吸铁石"，这是因为它能吸引铁质物质。而"天然磁石"这个词语是由撒克逊语"Laedan"而来的，是向导的意思，这是因为天然磁石确实可以用来判断方向。中国人最早使用磁性材料制造了指南针，为磁学的发展做出过重要贡献。

人们早就发现，磁是离不开电的，而电也离不开磁。因此，人们常说磁和电是一对形影不离的孪生兄弟。在下面，我们就介绍一些这方面的情况，不仅如此，你还将了解到地球也是个大磁体及其有关的一些奇特现象。

现在，就从我们中国人的发现说起吧！

● 最早的发现和早期的认识

　　我们的祖先早在远古时代就发现有一种石头能吸引铁钉子，当时就把这类石头叫作"慈石"，意思是说它可以吸铁，就像慈爱的妈妈能吸引自己的子女一样具有吸引力。公元前3世纪，也就是离现在2300多年以前的春秋战国时期，在《吕氏春秋》这部古典名著里，就有"慈石召铁"的记载，意思是说"慈石可以吸引铁"。

　　秦始皇统一中国以后，他为了逍遥作乐，不惜耗费大量的人力和物力，建造富丽堂皇的阿房宫。由于他的这一举动很不得人心，曾多次遭到行刺，但都侥幸脱险，因此他整日提心吊胆，生怕被人刺死。于是秦始皇在建造规模宏大的阿房宫时，为了防范刺客入宫行刺，他命令建筑工匠们在大门上设计安装了秘密的警卫装置。聪明的工匠们根据已有的经验，用当时还叫"慈石"的原料修建了大门。对此，在一本叫作《三辅黄图》的书中就有记载。书中写着：阿房宫"以磁石为门"，"朝者有隐甲怀刃，入门而胁止"。意思是说，阿房宫的门是用磁石砌成的，进去的人如果有暗藏武器的，一进门就能被发现。可见，有了磁石门以后，身披铁甲，怀揣利刃的刺客想闯进阿房宫是办不到的，一到门口就会立即被识破。

用磁石垒成磁石门，这是我们的祖先在科学技术史上的一大创举。后来，我们的祖先还发现磁石有指示南北方向的性质，利用这种性质，在2000多年以前，中国人就发明了世界上第一个指南工具，取名叫"司南"。它的形状像把勺子，放在一个光滑的平板上，轻轻转动，当它停下来的时候，它的把柄一端就指向南方。后来，司南就逐步演变成使用更为方便的指南针，也叫罗盘，并传到了世界各国。有人说"中国是磁的故乡"，确实当之无愧。

在长期的实践活动中，人们把能吸引铁一类物体的性质，叫作磁性，把具有磁性的物体叫作磁体，如果磁体的磁性能长期保留的活，这种磁体就叫永磁体。永磁体有天然磁体和人造磁体。人们通过对人造磁体的研究，发现它有两个磁极，一个叫南极，也叫S极；另一个叫北极，也叫N极，在两个磁极的地方吸引铁质物质的能力最强。

同正负电荷之间会发生相互作用一样，磁体不同性质的两个磁极之间也有相互作用力，这种力叫作磁力。同名的磁

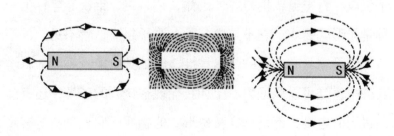

磁体的周围存在着看不见摸不着的磁场

极相互排斥，异名的磁极相互吸引。所不同的是，正负电荷可以分开，而一个磁体的南极和北极却不能分开。长期以来人们做了许多实验，发现无论把一块磁体分割成多少小块，每一小块仍然会含有一个南极和一个北极。一个磁体上的南极和北极是永远不会分开的，它们总是成对出现，是怎么也分隔不断的。

把一根没有磁性的铁钉放在条形磁铁一端的附近，它立刻就会变成有磁性了，也就能吸引铁屑了。这种把原来没有磁性的物体变成有磁性物体的现象，就叫作磁化，也叫作磁感应。不同的物质磁化情况是不一样的，因此它们有不同的用途。

与电荷周围存在着一种叫作电场的特殊物质一样，在磁体周围也存在着一种特殊形式的物质，我们把它叫作磁场。磁力就是通过磁场的媒介作用来传递的。

大家已经知道，客观存在的东西就是物质，它的存在是不以人的意志为转移的。但是，大家可能还不太了解，客观存在的物质有两种形式，一种是有形的物质，它由分子、原子组成，看得见，摸得着，比如，铜、铝、钢铁等等；另一种是无形的物质，它不是由分子、原子组成，看不见，摸不着，但是它具有物质的基本属性，比如具有能量等等，科学实验中也是可以测量的。比如我们现在谈到的磁场，还有前面讲到的电场，都是这样特殊形式的物质，它们确实是客观存在的一种具体的东西。

人们虽然很早对磁场就有了一定的了解，但只局限于一些直观的现象，而对磁本质的认识却很晚。经历了漫长的岁月之后，直到1820年丹麦人奥斯特才把这个秘密揭示出来。

● 历史的转折

1681年7月，法国物理学家阿拉哥记载了由于雷击引起铁质物体磁化的事实。此事引起了很多科学家的深思。到了18世纪，人们发现闪电实际上就是通过空气的强大电流，于是就自然地联想到电与磁之间是否存在着某些联系呢？为了弄清楚这个问题，丹麦科学家奥斯特付出了辛勤的劳动，立下了头功。

1820年，奥斯特精心设计了一套实验装置。当他把一个指南针移近一根通有电流的导线的时候，奇迹发生了！他意外地发现指南针偏转了，而且偏转得还很厉害。于是奥斯特断言：不但磁铁具有磁性，电流也具有磁性，也可以产生磁力作用。奥斯特本想通过实验来说明电与磁缺乏联系这一观点，然而在无意中却得到了相反的结果。这个偶然的发现，揭开了电流可以产生磁场的秘密，这就是著名的奥斯特实验。

从阿拉哥看到雷击能使铁质物体磁化，到奥斯特实验发现了电流的磁效应，整整经历了140年的时间。科学家们终于初步揭开了磁和电的联系，这是人类认识上的一次飞跃，也是电磁学发展过程中的一个里程碑。

读到这里，也许你会提出疑问：磁性起源于电流，可是永久磁体的磁性又是怎么回事呢？它们没有通过电流啊！

差不多与奥斯特同时，安培也发现了电流的磁效应。1822年，安培进一步提出了分子电流假说，他认为在原子、分子或分子团等物质微粒的内部，存在着一种叫作分子电流的环形电流，正是由于它的存在，使每个物质微粒都形成了一个小磁体。物体在没有磁化时，所有分子电流的方向是杂乱无章的，它们形成的小磁体也乱七八糟地排列着，使分子电流的磁性都相互抵消了，物体对外不显磁性。当物体被磁化的时候，在外磁场的作用下，所有分子电流产生的磁场方向变得大致相同，因此就合成了一个比较强的磁场，这就是

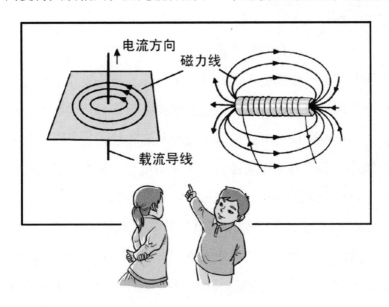

通电直导线和螺线管的磁场

磁化了，对外就显示出较强的磁力作用了。

安培的分子电流假说，既解释了物体磁性的起源，也说明了磁性的电本质。在后来的进一步研究中，科学家们认识到分子电流就是由原子内部的所有电子绕原子核运动和电子自旋运动所形成的一个等效的电流，这就进一步证明了安培假说的合理性。

从上面的事实人们自然会联想到，既然电流能产生磁场，而电流是由电荷的定向运动形成的，因此只要有电荷的运动，就一定伴随有磁场的产生。假如电荷不运动，那么它只有电场，决不会产生磁场。

● 神奇的"魔力"

相传曾经有甲、乙两个人争论过一个问题，事情的经过是这样的：

甲提了个小木箱，箱盖上有提手，箱底包了一块比较厚的软铁。他把小木箱放在了一张和地板固定的特制的桌子上。甲轻轻地提起箱子晃动了几下，对乙说："你别看这箱子不大，我能用魔法让它变得很重，谁也提不动，你不信可以试试。"乙说："你别吹牛了，我的力气可大了，一个小箱子还提不起来？"于是他轻松地把小箱子提了起来，并举过了头顶。甲说："别着急，待我向箱子施

行魔法以后，你就提不动了。"这时甲发出了一个口令"变重"，同时又做了一个手势，然后对乙说："现在我的箱子已经有了魔力，你绝对提不起来。"乙显得很不服气，瞟了甲一眼，满怀信心地又去提箱子。可是这一次真的不顶事了，他无论如何用力，小木箱就是不动，结果还累得满头大汗，气喘吁吁，只好向神奇的魔力认输了。这时，甲在一旁哈哈地大笑了起来。

这究竟是怎么回事呢？原来是甲在桌子里安装了一个强大的电磁铁，磁极就在桌面上，正好木箱的铁底就放在了磁极上。甲所说的"魔法"，不过是开动了一下电源开关，所说的"魔力"，其实就是电磁铁的磁力。在未通电时，电磁铁没有磁力，小木箱可以轻易地被提起来；当通上电流以后，电磁铁的磁力很大，将小木箱的铁底牢牢地吸引住了。因此，乙就提不起来了。

那么电磁铁又是怎么回事呢？最简单的电磁铁就是插入铁芯的螺线管。对它通电以后，由于铁芯被磁化而磁性会很强，一旦电流断开，电磁铁的磁性就几乎完全消失了。不管什么样的电磁铁，都是根据这一原理做成的，它的磁性强弱，与通电电流的强弱和线圈匝数成正比。也就是说，匝数越多，电流越强，电磁铁的磁性就越强，所产生的磁力也就越大。

电磁铁的磁性可以用电流的通断来控制，磁性的强弱可以用电流的强弱来调节，磁极的极性可以用变换通电电流的方向来改变。因此，使用电磁铁十分方便，在生产、生活、科学研究等各方面，都得到了广泛的应用。比如，钢厂里的电磁起重机，作为通信工具的电话、电报，自动控制用的电磁继电器，工业上的电磁选矿机，科学研究中的电学仪器等等，都巧妙地运用了各种形式的电磁铁所产生的"魔力"。

● 奇特的超导体

150多年前的一个寒冷冬天，俄国彼得堡军需仓库发生了一件很奇怪的事。这一天，当仓库保管员打开仓库大门时，发现军大衣上的纽扣都不翼而飞了，只在纽扣位置处剩下了一点点粉末。这是怎么回事呢？后来经过调查才明白，军大衣上的纽扣是由白锡制成的，白锡在温度低于零下18摄氏度时，就变成了粉状的灰锡脱落掉了，所以只剩下了点点的粉末。

为什么白锡在低温下会变成粉状的灰锡呢？其实，这个道理很简单，就跟水在0摄氏度以下变成固体的冰一样。大家都知道，物质的物理性质依赖于温度，比如水在0摄氏度变成冰，在100摄氏度以上就变成水蒸气；空气在常温下是无色透明的气体，但当温度低于零下193摄氏度时，就会变成浅蓝色的液体；汞（水银）在常温下是闪耀银光的液体，但在零下39摄氏度时就会变成固体，所以在很寒冷的地方，

人们都不使用水银温度计。所有这些例子，都是物体在低温下表现出的物理性质。

1911年，荷兰物理学家卡曼林·昂尼斯和他的学生在实验中又发现了物体在低温下的另一个重要特性——超导电性。当时他们做的实验是检测汞在低温下的电阻，他们把汞的温度逐渐降低，当温度降到零下268摄氏度时，一个奇妙的现象发生了，他们测出汞的电阻突然完全消失而变成了零。

后来，物理学家又相继发现了铅、锌、铝等20多种纯金属和900多种合金、500多种化合物在低温条件下都具有电阻消失的现象。人们就把这种特性叫作超导电性。把电阻消失时的温度称为临界温度，把在临界温度下具有零电阻特性的材料统称为超导体。

超导体具有很多独特的性能，最突出的特性就是在临界温度以下电阻为零，这时在超导体内流动的电流可以很大又不会发热，因此没有能量损耗。换句话说，超导的实现，能为人类节约大量的能源。

超导体的这种高载流能力和零电阻特性，使它能长时间无损耗地储存大量电能。需要时，储存的能量可连续地或脉冲式地释放出来。把它做成电感储能装置，可作为激光武器的能源。目前，科学家们正在研制功率大、体积小、重量轻的超导发电机，这种发电机将是超导技术在军事上最先得到应用的项目之一。这一项目研制成功之后，必将对未来的战争产生巨大的影响。

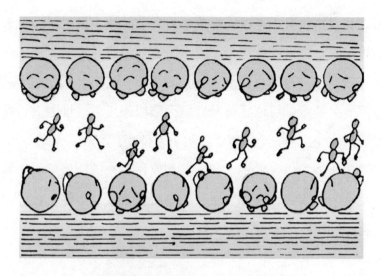

低温下原子被"冻住"，自由电子畅通无阻

用超导体制成的计算机，具有计算速度快、体积小、耗能低、使用方便等优点。它的计算速度比目前最先进的半导体计算机要快近百倍，而信息存储量也能大大增加。将它用于机载预警雷达系统，能极大地提高系统的工作效率。

20世纪70年代以来，各国科学家都积极开展了超导技术在海军舰艇方面的应用研究，并已初见成效。用超导电磁力推进装置代替螺旋桨推进部件，使超导舰艇具有结构简单、推力大、航速快、无噪声、造价低等优点，还可以降低红外辐射，不易被敌方发现，从而提高自我生存能力和快速突防能力。

1990年，日本研制了一种新型的常温超导材料，这是世界上悬浮力最强的超导材料。它不仅可以用来制造高速磁悬浮列车，还可以用于发射航天飞机。用于发射航天飞机的超导磁悬浮发射装置，是一条3500米的水平导轨，终端与200

米高的垂直轨道相连接，形成90度角的陡坡。发射时，航天飞机在磁悬浮力的作用下，沿水平方向前进并逐渐加速，到水平终端又高速垂直向上飞行，即可以升空了。采用超导磁悬浮发射装置，可以成倍减轻航天飞机的重力，推力大，速度快，耗能少，安全可靠，还可重复使用。

超导技术也可以用于超导探测仪，用来探测潜艇。还可以用于超导天线、超导卫星、超导粒子束武器等等。超导体具有广阔的应用前景。

● 地球是个大磁体

在第二次世界大战中，出现了一种叫作磁性水雷的新式武器。当军舰在布雷区上方的水面通过时，水雷就像长了眼睛一样，自动迅速地追击军舰，准确地把它炸沉。

为什么磁性水雷这样神通广大呢？这是因为地球是个巨大的磁体，在它的周围充满了磁场。用钢铁材料制成的军舰被地球的磁场所磁化，变成了一个在海上游动的磁体，于是就产生了"军舰磁场"。在磁性水雷中有一个可以绕水平轴转动的磁针，用来控制起爆电路。当带有磁场的军舰驶入布有磁性水雷区域的时候，水雷会受到军舰磁场的作用，其内部的磁针就会转动起来并接通起爆电路，从而将军舰炸沉。

指南针总是指向南北方向的事实，正好也说明了地球磁场的存在。但一般说来，地磁场比较微弱，它的强度只是常见的永久磁铁磁场强度的万分之一。根据异名磁极相吸的原理，指南针南极应指向地磁场的北极，而指南针的北极应指向地磁场的南极。可见，地磁场的南极位于地球的北极附近，而地磁场的北极位于地球的南极附近。

但是，连接地磁场两极的地磁轴与连接地球地理位置两极的地理自转轴并不重合，两者之间有一个不大的交角，这个角叫作地磁偏角。早在公元11世纪，我国古代科学家沈括通过精心的观察，发现磁针并不指向正南，而是略微偏向

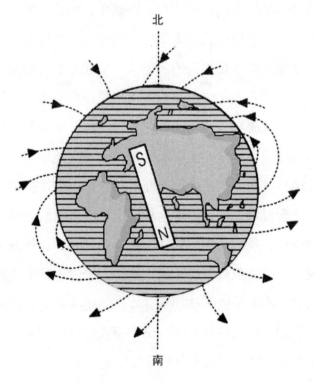

地磁轴与南北两极并不重合

东一些。这是科学史上对地磁偏角现象第一次做出的正确解释，这要比欧洲人对这一现象的认识早400多年。

现在我们来做一个实验：把磁针用一根细线穿过它的中心悬挂起来。这时我们会发现磁针的指北端向下倾斜，指南端向上翘起，磁针不是停留在水平位置上。假如这个实验是在南半球做，情况正好相反，磁针的指南端向下倾斜，指北端向上翘起，也不会停留在水平位置上。我们把悬挂起来的磁针与水平方向间形成的夹角叫作磁倾角，在地球上不同地方，磁倾角的大小是不相同的。

地球磁场的强度、磁偏角、磁倾角，构成了地球磁场的三要素，简称"地磁三要素"。一般说来，在地球上的不同地方，地磁三要素是不同的。但从一个地方到邻近的另一个地方，它们虽有变化，但是变化得十分缓慢而微小。然而在有些地方，地磁场三要素的变化非常剧烈，这叫作"地磁异常"。造成地磁异常的主要原因是由于埋在地下的各种岩石和矿物质具有明显的磁性，进而对磁针产生了吸引力作用的缘故。一般说来，如果出现这种情况，就可以断定地下有铁矿。1954年，我国一支地质探矿队，就是利用这种方法在山东发现了一个储藏量近亿吨的大铁矿。经过进一步的勘探，发现这个大铁矿在地下450米左右，面积达4千米^2，铁矿层厚度达60多米。利用地磁场的变化，不仅可以探测铁，而且还可以探测镍、铬、金以及石油等多种地下资源。

利用地磁场的变化情况，科学家们还可以预报地震。我

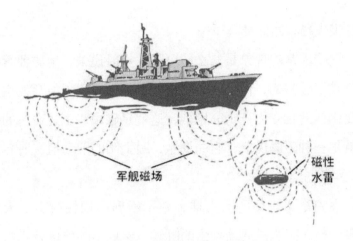

像长了眼睛一样的磁性水雷正在跟踪军舰

们知道，在地壳中的岩石有很多都是有磁性的。地震时这些岩石因受力的作用而发生形变，随着形变的发生，它们的磁场也会发生变化，从而会造成地磁场的具体异常，这就是平常说的"震磁效应"。我们只要掌握震磁效应的规律，利用测量仪器密切监视地磁场的变化情况，并且有效地排除其他干扰，就能对地震做出比较准确的预报，从而减少财产的损失和人员的伤亡。

● 磁爆和极光

1972年夏天，在地球的北极出现了一种奇怪而有趣的现象：在漆黑的北极上空，一会儿奇光异彩，一会儿白光冲天；指南针摇来摆去、抖动不止；靠地磁场"导航"的鸽子

也惊慌失措，四处乱飞……

这些反常的现象是怎么回事呢？一般说来，地磁要素的变化是很缓慢的，但是有一种情况很特殊，它不但会发生突然变化，而且变化得十分剧烈，这就是磁暴。上述奇特的现象就是一种磁暴现象，它的发生，跟太阳的活动情况有着密切的关系。

太阳是个炽热的大火球，它不断向四周辐射出巨大的能量。当太阳黑子活动剧烈的时候，它放出的能量就相当于几百万个原子弹爆炸时的威力，同时又喷射出大量的带电粒子，在这些带电粒子流周围也有强烈的磁场。当这些带电粒子流射到地球上时，所形成的强烈磁场会使地磁三要素发生强烈而急剧的变化，这就形成了磁暴。随着磁暴的发生，就出现了上面所说的那一连串的奇特现象。科学家们经过研究，发现最强烈的磁暴现象，一般10多年出现一次。

和磁暴密切相关的奇光异彩就叫作极光，它比我们在节日之夜看到的烟花还要漂亮。有的像条条彩虹，五颜六色，随风飞舞；有的像一湖月光，微风乍起，波影闪闪；有的像珍珠宝石，镶嵌夜空，晶莹闪亮；有的像探照灯光，划破夜空，白亮无比。它们忽明忽暗，变化无穷，交相辉映，美丽壮观，整个天空光彩夺目，景色异常，犹如仙景，令人流连忘返。

为什么会出现极光呢？这是因为在磁暴发生的时候，从太阳辐射出来的大量带电粒子流，在地磁场的作用下，会偏向地磁北极或地磁南极。由于太阳辐射出来的带电粒子流进入地球的大气层时具有极大的速度，并和稀薄的大气层中的气体原子发生猛烈的撞击。在撞击过程中，带电粒子把所带的能量传给了气体原子中的外层电子，而这些电子紧接着又把获得的能量释放出来，于是就发射出了可以看见的光。由于上层空气中含有很多种气体元素，它们在带电粒子流的撞击下，就会辐射出多种不同色彩的光，比如氖气发出红光，氩气发出蓝光等等。因此，极光通常五彩缤纷、艳丽异常也就不难理解了。

三、步入电气化路漫漫

　　1800年，伏打电池的发明，露出了电气化时代的曙光。不久，科学家戴维利用2000个伏打电池组成了一个电堆，点燃了碳极电弧，创造了科技史上第一个实用的电光源。1820年，奥斯特实验证实了电流产生磁场，即"磁"可以来源于电荷的运动。1831年，法拉第发现了电磁感应现象，证实了变化的磁场能产生电流，即"电"也可以来源于磁场的变化。从此，就为人类打开了进入电气化时代的大门。1831年，变压器和发电机的出现，推动了工业的电气化进程；从1832年开始，对有线电报机的不断改进，促进了通信业电气化的发展；1876年，美国人贝尔取得了有线电话的发明专利，1878年爱迪生对有线电话进行了改进，使远距离通话成为现实；1879年，爱迪生发明了电灯，给人类带来了光明；1887年，赫兹通过实验的方法首次获得了电磁波；1895年，马可尼第一个将电磁波应用于通信事业，发明了无线电报；此后电磁波不仅在通信业的各个方面，而且在其他各个领域，迅速得到了广泛的应用。人们经过长期的努力并经历了漫长的时间之后，终于迎来了人类文明的新时代——电气化时代的到来。

● 用磁铁发电

1820年，丹麦科学家奥斯特发现了电流的磁效应以后，人们认识到电荷运动能生磁。于是有很多人在思考：能否想办法让磁也能生电呢？在这方面首先做出成绩的是英国科学家法拉第。

事情的经过是这样的。1820年奥斯特实验成功的消息很快就传到了英国，作为最高学术机构的皇家研究院，其负责人戴维教授听到这个消息之后，中断了自己的研究课题，反复验证奥斯特做过的实验。有一天，年迈的威雷斯顿博士找到了戴维，说："我想如果分布好电线和磁铁的话，或许可以在磁铁周围使电线旋转。"但他们两个人所做的实验没有成功。当时作为戴维助手的法拉第没有在场，但后来他听到了这个消息。法拉第认为："这是个有趣的实验，我也要试试。"

法拉第把小磁铁放在通有电流的铁丝旁边，想看看受到了什么力。他果然发现：铁丝有在磁铁周围维持圆周运动的迹象。通过这个实验，法拉第树立了信心，继续进行了实验。为了能让铁丝更好地旋转，法拉第左思右想，终于研制出了更合理的装置：在装有水银的杯子里放入磁铁，再将铁

在磁铁上发电的法拉第

丝放在磁铁旁与水银接触，而使其自由转动。当法拉第在铁丝上通了电流之后，果然发现：铁丝能绕着磁铁周围自由转动。1821年9月，法拉第又连续三天做了让磁铁在通电铁丝周围旋转的实验。法拉第的实验，不仅证实了奥斯特实验的结果："电流有能使磁铁运动的力"；而且还证实了"电和磁通过相互作用，可以使某物体运转"的道理。法拉第在把电力转化为机械力方面，首先取得了成功，为后来给机器提供新的动力创造了条件。法拉第的实验装置虽然简单，但它正是后来广为使用的电动机的前身，正是法拉第第一个发现了电动机的原理。

法拉第又在进行着进一步的思考："如果说电力可以转化为能使磁铁运转的力，那么为什么不能用磁力产生电流而发电呢？"自从他发现电动机原理以后，更加有了信心，抽出了很多时间做用磁铁产生电流的实验。虽然他经过了不知多少次的失败，但他始终没有放弃继续探索的决心。法拉第是一个特别擅长做实验的人，也是一个在失败面前不灰心的人，他不会放弃自己已认定的奋斗目标。

1831年8月29日，法拉第又制作了一套新的装置准备进行实验。这套新装置就是：在直径15厘米的两个圆铁圈儿上各绕上电线，并在其中一个圆铁圈儿的电线上接入电流表。法拉第思考着："这样布置以后，在一根电线中通上电流的话，这个圆铁圈儿就会成为强磁铁，这回肯定能看到在那另一个圆铁圈儿的电线上有电流产生。"法拉第一边想着，一

边给电线接上电池，目不转睛地盯着电流表。就在这接通电池的一瞬间，法拉第叫了起来："哇，成功了！"因为他看到了电流表指针的摆动。可是仅仅是一瞬间，指针又马上恢复了原位。在法拉第认为成功的一瞬间，立刻又尝到了失败的滋味，法拉第无奈地把电池从电线上拿下来。就在拿下电池的这一瞬间，电流表的指针又摆动了一下，法拉第陷入了深思。他又重复地进行了多次相同的实验，结果都是一样：电流表的指针只在电池装上或拿下的那一瞬间才发生摆动。于是法拉第得出结论："这么说，只有在通电或断电的瞬间才能产生电流。真是不可思议！"后来，法拉第终于弄懂了：不是强磁铁产生电流，而是磁场对一个面积的通量变化时才能产生电流。

改进法拉第模型后的实用发电机

1831年10月17日，法拉第重复了7年前做过但没有成功的一个实验，而这次成功了。这个实验就是：把磁铁放入螺旋状的线圈里，当改变磁场强度或磁铁与线圈有相对运动时，在线圈中就能产生电流。这是法拉第的又一个新发现。但法拉第又陷入了新的困境。因为在实验中得到的电流是瞬间电流，没有实际的使用价值。如何能得到持续不断的电流以满足实际需要呢？法拉第继续进行着思考和研究。

1831年10月28日，法拉第在实验中先在磁铁的两极间装上了两片黄铜半圆盘，然后分别在两个半圆盘边上接上了铜线。当半圆盘转动时，铜线中就产生了持续不断的电流。法拉第成功了，他终于发明了能持续产生电流的方法。这就是世界上最早的发电机。

由于条件的限制，法拉第的发电机也同他的电动机一样：当时没有得到普及。但他为后来的发明家指出了发明实用的电动机和发电机的具体原理，为人类文明做出了卓越的贡献，他的功绩已铭记史册，后人是永远不会忘记他的。

● 用电流传送信号

使用电流把信号传送到很远的地方，很早就有人产生过这样的想法。比如，在1750年至1774年，就有人做过这方面的尝试，但是使用的是静电起电器或莱顿瓶，所收集到的电加到电线上，不仅非常麻烦，而且也不实用。1809年，德国人乔梅林利用伏打电池提供电流进行了世界上最初的有线电报机实验，但是没有得到普及。随着电的诸多性质被人们所认识，电报机也得到了不断的改进。

　　1820年，丹麦科学家奥斯特发现电流磁效应后，1821年法国人安培和1829年德国人费希尼，都将这一原理应用于电报机。但因用了数十根指针和数十根电线，使装置太复杂，也没有能得到普及。

　　1832年俄国人希林，1834年德国人高斯和韦伯，对电报机又做了重大改进，使电线根数减少到两根，这是个相当大的进步。但是他们的电报机准确程度较差，比如发出一个C信号，则有可能收到一个D信号，这当然是不行的。

　　1838年高斯的学生斯坦怀因，对高斯的电报机进行了改进。斯坦怀因发现利用地线可以代替高斯电报机中的一根线，因此，从发送系统到接收系统，只需一根电线就可以了，这又是一个了不起的进步。同时，斯坦怀因还制成了用墨针在纸张上点点，以传送信号的印刷式电报机。但此时的电报机仍不太精确，科学家们为了克服这些缺点，继续进行着多方面的努力。

　　后来在改进电报机方面做出突出贡献的是美国人。在美国有一个画家叫莫尔斯，在一次偶然的机会中，他对电发生了兴趣，并产生了利用电来传送信息的想法。后来他认识了纽约大学的物理学教授盖尔，他从盖尔处学到了很多电气学知识，还得到了不少实验器材。通过盖尔的介绍，莫尔斯认识了当时在美国很有名气的一位电气学家亨利。亨利乐于助人，当莫尔斯找到他时，他毫无保留地把自己的研究成果告诉给了莫尔斯，其中也包括在改进电报机方面的研究成果。

在大西洋的轮船上设计电报机的莫尔斯

在亨利的指导和帮助下，莫尔斯制作了一种叫作继电器的装置。继电器能把送往接收器的电流放大，这样就可以把信息传送得更远。

1838年莫尔斯又研制出了传送信息的新方法，在改进电报机方面取得了成功。他在电报机中，用电磁铁代替了指针，发出电报时，就在纸带上依靠电磁铁的作用，形成"·"、"—"等一系列符号，接收器如果得到了这些符号，就能知道收到了什么信息。这就是著名的莫尔斯电码。莫尔斯在他的电报机中使用了继电器，这样可以将弱小的电流信号放大，所以不管有多远，都能传送信号。

莫尔斯由一个不懂电气知识的画家，经过6年时间的努力，成了一个电报机发明家。他有过数不尽的磨难，但经过他不懈的奋斗，终于获得了成功，莫尔斯的这两项发明，在当时是绝无仅有的好方法。他是自学成才的典范。

发明完成以后，莫尔斯立即向有关部门申报并取得了专利。在此之后，由于经费上的困难，他的研究工作进展缓慢。1843年，在亨利等人的帮助下，他得到了实验援助费3万美元，莫尔斯的发明又逐渐见到了新的光明。1844年的一天，在巴尔的摩到华盛顿之间60千米的距离上，接上了电线，两地之间可以互通电报了。但是，这具有历史意义的电报的开通，并没有引起人们的注意。倒是两天之后的一件偶然的事情，才使有线电报通信被世人所关注。

当时巴尔的摩正在进行民主党的会议，大会决定推荐莱特为副总统候选人。当人们正准备把这件事通知在华盛顿的莱特时，突然传来了令人感到惊奇的消息："本人谢绝民主党副总统的推荐。"这就是从莱特先生那里来的回信。怎么会这么快呢？谁也没有想到，这正是因为莫尔斯利用电报，把大会决议传到了华盛顿，而在华盛顿的电报接收员把这一内容告诉给了莱特，又把莱特的回信以电报形式传回到了巴尔的摩。当人们知道这件事果真是事实后，都惊呆了！从此，关于莫尔斯电报机的新闻，立即占满了各大报纸的头条，莫尔斯一举成名了。

莫尔斯渐渐地得到了发明的报酬。虽然美国政府没有买他的专利，但对这项发明感兴趣的富翁们却提供了不少资金。因此，莫尔斯才有条件于1857年建立了自己的电报公司，而且公司日益昌盛。莫尔斯从1832年开始对电产生了兴趣并有一些设想，到1857年建立了自己的电报公司，经过了整整25年的努力，他终于获得了成功。莫尔斯对亨利和盖尔的指教具有的良好接受能力，以及在实验及实用阶段所展示的伟大发明才能，是他获得成功的保证。莫尔斯由一个普通画家转变成了一个伟大的发明家，在此转变过程中，他为人类的电报通信事业做出了历史性的伟大贡献。

● 通过电流交谈

　　1860年，德国人莱斯看到一个有趣的故事。书中说："人的声音是通过空气的振动而传递的，如果把这一振动转换成电流的强弱而传送，再把电流转换成声音，那么也许能把要说的话传送到很远的地方去。"莱斯机敏地想到，这就是"通过电流交谈的机器，如果能制作这样的机器该多好啊！"于是，他便开始了用电流传送声音的研究工作。

　　莱斯是一所工业学校的教师，他一边教书，一边用旧器具开始研制用电流传送声音的装置。他先用木头做了个耳朵形状的东西，然后贴上了猪的膀胱皮作为耳膜，又在背面焊上合金线，这样就做成了由耳膜部分发出声音而合金线便会与膜一起抖动的装置。合金线再接上弹簧，当合金线抖动时，与弹簧的接触也或强或弱，那么通过这部分的电流强度也将会发生变化。莱斯把他这个装置叫作送话器。接着他又开始研究把电流的强弱转换成声音的装置，这个装置是把缝衣针绕上电线做成电磁铁后，再置于小提琴上面，这个装置叫受话器。待这些装置完成以后，他立即进行了试验：在送话器一端拉起了小提琴，结果在受话器一端接收到了类似的声音。后来，莱斯把受话器改成了一个叫作共鸣箱的小盒子。1861年10月26日，在一次科学家们的聚会上，莱斯进行表演并取得了成功。这就是历史上发明的第一个电话机。遗憾的是科学家们当时还没有看到它的实用价值，仅仅看成了是一种新奇有趣的玩具。

后来，莱斯对他的电话机又做了很多改进，但还是没有人买他的发明，因此莱斯的电话最终没有得到普及。莱斯在失望和穷困中彷徨，不幸又患上了结核病，他还没有看到自己的电话被推广使用，便于1874年1月去世了。

1876年2月，这回在美国同时有两个电话发明人一举成名，他们是贝尔和克雷。

贝尔1847年生于英国，1887年加入美国国籍。由于受他父亲的影响，贝尔对研究聋哑孩子的视话法产生了兴趣，并成为波士顿大学的声音生理学教授，而且还办起了聋哑学校。教聋哑人说话可不是简单的事，这促使贝尔常常这样想："如何能使空气的振动被肉眼看见呢？如果能做成把声音的结构表示成图画的装置，那么也就容易理解了。"这些想法进一步启发了他：用电流再生声音。于是他又思考着："如果能用电流表示声音的话，那么为何不能用电线把声音传送呢？"他有了这些想法之后，就开始了发明电话的研究。

贝尔是很幸运的，他得到了聋哑孩子家长们的支持，得到了很多研究经费，人们为他准备了专门的实验室，还聘请了对电学很有研究的威尔逊为助手。当时美国一些著名的电学专家也给了他很多的鼓励。

　　贝尔和他的助手经历了无数次的挫折，但仍坚持着实验研究。有一天，一个偶然的机会使他们找到了绝好的办法。

　　那是1875年6月3日，贝尔在修机器的过程中，突然发现眼前的振动板响起了细弱的声音，并颤动了起来。那个振动板是与隔壁房间威尔逊使用的一个振动板用电线连接的。贝尔立刻跑到隔壁助手威尔逊的房间。贝尔问："你刚才怎么弄的？受话机竟颤动了起来！"威尔逊说："什么？我没弄什么呀！只是看到振动板贴在电磁铁上，我就用手弹了几下吗！"他们经过讨论，终于明白了这样一个道理：如果将电磁铁和振动板进行很好的组合，就能把声音转换成电流而送出去。后来，又经过他们不断改进，终于在1876年初，成功地制作出能传送人的声音的电话机。这种电话机的原理大致是：在柱形电磁铁上面放上薄铁片，让这个薄铁片发出声响，由于铁片的振动，在电磁铁线圈中就会感应出电流；这个电流传到接收器后，以同样原理通过电磁铁后，又使铁片振动，再产生声音。这一过程就是把声音信号变成电信号，通过电线把电信号传送出去，再把电信号还原成声音信号。这样，就实现了在两个不同地点，通过电流说话的目的，即使两个地方相距较远，人们也可以方便地交谈。

　　1876年2月15日下午1点左右，贝尔的代理人向华盛顿专利局提出了专利申请。3天后，贝尔得到了电话发明专利权。同年6月，在费城举行的庆祝美国独立100周年的大型博览会上，贝尔展示了自己的电话。

特别应提到的是一位贫穷农民出身的发明家克雷，他完全通过自己的刻苦钻研，也独立地完成了电话的发明，而且与贝尔同一天提出了专利申请。只因克雷晚了1个小时，而未获得发明电话的专利权。

不久，贝尔和克雷发明电话的消息传到了德国莱斯的家乡。莱斯的乡亲们都异常激动，他们说："莱斯先于贝尔和克雷发明了电话！"他们怎么也压不住心头的激愤，大家经协商后，就立了一块碑，上面写着："电话真正的发明人是菲力普·莱斯。"以表示对莱斯的永久性的纪念。

但在今天，通常说电话的发明人首先要提到贝尔，因为他取得了发明电话的专利，而且他的电话得到了普及，还有一个贝尔电话公司。

电话是直接传送声音信号，所以人们认为比传递文字信号的电报更具有魅力。

1878年，发明大王爱迪生研究并制造出一种新的电话机，比贝尔的电话机还要先进得多。爱迪生研制的送话机是把炭粒装满箱子后，再盖上金属圆盘，对着金属圆盘说话使声音传到圆盘，然后圆盘再推动炭粒，炭粒受到压力后其电阻的大小就会变化，随着电阻的变化，电流的大小就发生变化，以此将变化的电流传到受话机一方。这确实是一种很优秀的送话机，因此贝尔电话公司立即从爱迪生处购买了专利，生产出了由爱迪生送话机和贝尔受话机连在一起使用的性能更好的电话机，并投放到了市场。

从此以后，贝尔公司更加重视对电话机的不断改进工作。只要有新的发明，他们就将专利买过来，用以完善自己的电话机系统，利用新的发明打败竞争对手，从而占领市场。像威尔公司成为美国唯一的电报公司一样，贝尔公司也逐步成为美国唯一的电话公司，垄断了电话事业。

随着电话事业的发展，电话交换机的研究也有了进展，由最初的动手接线，演变成了后来的自动接线装置。1889年发明了自动交换机。从此，有线电话通信业有了日新月异的发展，并且越来越普及。

从1860年德国人莱斯萌发出发明电话的想法，到1889年自动交换机的使用，可以说在近30年中，经过了几代人的努力，使有线电话成了人们日常生活和工作中不可缺少的通信工具。莱斯、贝尔、克雷、爱迪生以及他们的同事们，为人类的文明做出了重要的贡献。

● "人造光"的出现

大家都知道，在白天有太阳光的照射，我们可以看到各种东西。要是在晚上看东西，就必须打开电灯，人们把电灯照的光叫作"人造光"。

人类最早在夜间照明是用篝火。经过了漫长的时间之后，人们用油灯和蜡烛代替了篝火。到18世纪，在美国发明了更为先进的天然气灯，但是使用天然气灯必须安装管道才能供气，所以只能用于城市，在美国的大部分地区则无法使用。

第一个研究用电来照明的是英国人戴维。1808年，戴维为了做一个实验连接了2000节电池，并在电池两极伸出来的铁丝上绑上了炭条。在炭条接触铁丝的一刹那，发生了一个奇怪的现象：两根炭条间产生了强烈的光。这光特别亮，是油灯和天然气灯都无法比拟的。于是戴维想到了将电用于照明，并很快投入到实际的研究工作中。经过了长期的努力，他终于发明了照明灯，叫作弧光灯。这种灯发出的光强度很大，特别适合用于剧场等大场所。但是弧光灯很粗糙，炭条也极易损耗，使用也不方便，无法普及到家庭。不过弧光灯的发明给了人们一个重要的启示：发明更为方便和实用的电灯是有可能的。于是，人们就以弧光灯为契机，开始了适合家庭使用的电灯的研究工作。正在人们的研究工作迟迟没有出现结果的时候，被称为"魔术师"的发明大王爱迪生也开始加入了研制电灯的行列之中。

1878年9月，爱迪生找到了已对改进弧光灯研究有一定经验的科学家威力斯先生。威力斯先生是个很慷慨的人，就把自己的发电机和弧光灯赠送给了爱迪生研究所。

爱迪生认为：用于家庭照明的话，像天然气灯的光亮度就够了；而弧光灯的光亮度太强，不适合家庭用，而且费用又高，无法普及。为了解决这个问题，爱迪生进一步提出：只用一个电源供电，如果不对电流进行分流，那么电灯的普

戴维在实验中的发现

及是很困难的。而在当时的条件下，科学界认为电的分流是不可能的。但是，发明大王爱迪生偏偏不信这个"邪"，开始了电流分流的研究工作，并取得了成功。同时还进行着白炽灯泡结构的构想。

不久，爱迪生发明了真空阀，他发现白金线在真空中有耐高温的特点。经过爱迪生的精心研究，终于在1879年研制成功了使用白金线的25瓦真空灯泡，并于1879年4月获得了专利。

由于白金线价格太贵，不利于普及，于是爱迪生就又回到了以前曾经进行过的对炭线的研究之中。但是用炭制出具有很大电阻的灯芯是很不容易的，爱迪生绞尽了脑汁，但一直没有什么好办法。

有一天，他看到了掉在地上的一根尼龙线，这时他似乎突然间明白了什么："啊呀！怎么没想到它呢？"于是爱迪生又开始了新的实验：将尼龙线剪成一定长度，并涂上一层煤焦油和炭粉，然后将它放进镍制的马蹄型模具里烘烤，果然不出所料，产生了细细的炭线。接着他又用了整整两天时间，将炭线弯曲并放进玻璃灯泡中，然后小心翼翼地抽掉了里面的空气。这个时候，当他再一通电，突然高声喊叫起来："啊，成功了！成功了！"

爱迪生心潮难平，对围上来观看的同事们说："瞧，我们成功了，让我们再看看它的光芒吧！"大家屏住了呼吸，看着爱迪生用颤抖的手接上了导线，接着合上了开关。就在

这一瞬间，电灯啪地亮了，研究所里立刻响起了掌声和欢呼声。这是个无比紧张而庄严的时刻，就是在这一天——1879年10月21日，人们期待已久的电灯，开始照亮了人们的生活，这就是世界上最初的白炽灯泡。

就在爱迪生发明的第一个白炽灯第一次照亮人们的这一时刻，爱迪生一下子哽噎了，他太激动了，有许多无法言语的情感都停在胸口而难以表达。爱迪生和他的助手们，都静静地围在电灯周围，全神贯注地凝视着电灯。电灯整整发光达45个小时，他们也兴奋地在灯光下沉静了45个小时之后，才如梦初醒般地慢慢活跃起来。

电灯是爱迪生一生中最重要且对人类贡献最大的一项发明。爱迪生能成为发明大王，除了有超乎常人的智力以外，更因有不懈的努力和坚定的信念。

爱迪生发明电灯的消息很快就震惊了世界，给全世界带来了喜悦。但爱迪生并没有止步，他继续致力于对电灯的改进。爱迪生在思考着："第一个电灯亮了45个小时，这无疑是个进步，是个成果，但这样的寿命难以让它普及，必须研制出一种更为耐用的电灯。"为此，爱迪生试用了几千种植物纤维，并且变换了烤、烧、压缩等各种加工方法，但仍未见到功效。

灵感之神总是降落在有心人的身上。一天，爱迪生无意地摆弄着一把竹扇，忽然他想起这竹还没有试验过，这一想法像流星似的闪过他的脑际。于是他马上跳了起来，从竹扇

少年时代的爱迪生

上的竹条中抽出一根纤维。一烤，制成了一根结实的灯芯，然后将它密封在灯泡里，并抽成了真空通上了电流。结果光亮度比第一个灯泡还亮，而且寿命也延长了好几天。在这又一次成功中，爱迪生也又一次获得了新的力量。他为了制出更为耐用的灯芯，几乎试遍了各种竹子。到了1900年，炭化竹丝灯芯白炽灯泡的寿命，第一次突破了600个小时，即25个昼夜。

爱迪生发明电灯的消息传遍了世界各国，人们都纷纷要求使用这一成果。但是当时还没有发电厂，只能用伏打电池供电。每一个伏打电池就像枕头那么大，点亮电灯需要100节这样的电池，显然，这在家庭中使用是很不方便的。

为了解决这些新的问题，爱迪生将研究灯泡的研究所改成了研究发电和输电的电力研究所，于1882年在纽约成立了世界上第一家中央发电所。在这个发电所里，有经过爱迪生进一步改进的发电设备和输变电设备。这个发电所里发出的电，经过电线可给附近的800多个电灯供电，一年后，可供的电量能满足1700多个灯泡使用。

世界的夜晚由于电灯的发明变得越来越光明了，这标志着人类进入了电气时代。

在电的历史上，爱迪生的贡献实在是太多了，仅仅1880年这一年内，他获得的发明专利就有47项，其中电灯方面37项，发电方面3项，输配电方面7项。他差不多每个月就有4项专利，因此被人们称为"魔术师"、"发明大王"。

爱迪生发明的炭化竹丝灯芯，直到1908年威廉·克里奇发明了钨丝灯芯以后，才逐渐被淘汰。

威廉·克里奇是1892年成立的"爱迪生电气公司"的技术员，他出身农民，但从小对发明情有独钟。他对白炽灯的改进十分感兴趣，他不怕艰辛，用了长达4年的时间，于1908年研制成功了钨丝灯芯。

这时，爱迪生已是一个61岁的老人了，他到研究室看望了威廉。此时，两个人都心潮澎湃、感慨万千。威廉说："爱迪生老师，谢谢您！我的钨丝灯芯所以能研制成功，全靠了您的研究成果的指引。"爱迪生说："别这么说，我在钨丝灯芯面前止住了脚步，而你却将它发扬光大了，真是后生可畏呀！"爱迪生还称赞威廉："你有着超常的耐性，真令人佩服！"他们在钨丝灯下促膝长谈，这就是创造"人工太阳"的人。

还有一位发明家我们不应忘记，他叫兰谬尔，也在爱迪生电气公司任职。他的主要贡献是往灯泡内加了氩气，避免了在真空状态下钨的蒸发，从此灯泡玻璃不再变黑了，寿命也明显地延长了，这是一个伟大的成功。

电灯就是这样由爱迪生发明，并经过威廉、兰谬尔的改进后发展而成的。

伟大的发明家爱迪生，在发明电灯以后，继续他的发明事业：电车、摄影机、蓄电池、电信机等等。他的发明专利达到1300多项，是世界上获得专利最多的发明家。"为人类

爱迪生在电灯发明50周年庆祝会上讲话

的幸福生活而发明"，这就是爱迪生一生的信念。

1929年5月30日，爱迪生82岁高龄时，美国总统胡佛主持召开了爱迪生电灯发明50周年庆祝大会，世界各地发来了无数贺电。

1931年，这位照亮世界的伟大的发明家——爱迪生，走完了他光辉的一生。他生前说的最后一句话是："我已经为人类的幸福尽了自己的全力，因此，我死而无憾。"爱迪生还曾经说过："天才，是99％的汗水加上1％的灵感。"这是他留给我们的宝贵的精神财富！

今天，在美国的托莱多市郊外，建有面积达17 000米²的爱迪生博物馆，里面陈列着爱迪生伟大的发明。这是人们对他永久性的纪念，表达了人们对这位伟大发明家的无比崇敬之情！

● 法拉第的预感

法拉第是英国一位穷铁匠的儿子，13岁开始就当学徒，没有受过正规的学校教育，完全靠自学成才，是一个有许多重大发现的人。他的许多实验结果虽然没有数学证明，但从数学上来说，也是相当正确而优秀的。他1821年发明了电动机，1823年完成了氧气液化实验，1825年发现了苯，1831年发现了电磁感应现象并以此制造了发电机，不久又发

"电气学之父"法拉第

现了电解法则。后来，法拉第几乎做遍了电与磁的所有实验，发表了很多研究成果，在19世纪里他获得的发明专利之多，仅次于后来的"发明大王"爱迪生。因此，被世人誉为"电气学之父"，这对法拉第来说是当之无愧的。

法拉第发现电磁感应现象的情况是这样的。将一根条形磁铁放入在连接有电流表的线圈中，这个电流表的零点在刻度盘的中央位置上，以便能表示电流的大小和方向。若磁铁不动，则电流表的指针指在零点位置上。若将磁铁拔出和再插入，则会发现电流表的指针会向着两个不同的方向偏转，这表明由于磁铁的拔出和插入，在线圈中产生了方向相反的电流。由此可见，只有当磁铁处在运动中时，电流表才能表示线圈中有电流存在。而且，磁铁移动得越快，指针偏转的角度越大，因此电流也就越大。这种电流叫作感应电流，产生感应电流的过程，就叫作电磁感应现象。在电磁感应现象中，影响感应电流大小的因素，除了条形磁铁相对于线圈运动的快慢以外，另一个因素就是线圈内电线绕的圈儿数的多少，圈儿数多1倍，产生的感应电流也就大1倍，相反，如果圈儿数减少，则感应电流也就要成比例地减小。

电磁感应现象告诉我们，通过线圈所包围面积的磁场通量发生变化时，在线圈中也能产生电流，这正好是与电流（运动电荷）产生磁场相反的过程。这就从另一个方面揭示了电与

将磁铁插入或移出线圈时，就会产生电流

磁铁

线圈

电流表

法拉第的实验

磁密不可分的关系。由此，法拉第预感到：电与磁不仅有着密切的联系，而且在一定的条件下可以相互转化。但是，由于法拉第数学基础差，他的想法和观点，虽然有实验事实为根据，但缺少数学上的证明，使人感到遗憾。他在论文里只习惯于用比喻手段生动地进行说明，而常常不使用数学式来表示。因此，当时科学界普遍认为法拉第是个优秀的实验家，而不是一个好的理论家。对于习惯用数学式来思考和解释问题的科学家们来说，法拉第的理论变得难以理解，因此，法拉第的电磁感应也在不被理解中逐渐被人们所遗忘；而法拉第所预感到的电与磁以及磁与电的转化关系，也没有引起科学家们应有的重视。然而，法拉第的贡献是开创性的。后来，麦克斯韦正是在法拉第工作的基础上，通过数学

的手段建立起了电磁场理论的完整体系。

● 麦克斯韦的理论

真理是不会被埋没的，总有一天会放出光芒。就在法拉第发现电磁感应现象并发明了发电机的1831年，在英国的一位著名的律师家里，降生了一个小生命，他的名字叫麦克斯韦。麦克斯韦家中富有，聪明好学，尤其是数学天才突出，16岁时就发表了数学论文，他的才能在少年时代就展露出来。1850年他进入英国剑桥大学学习数学专业，1854年以优异的成绩毕业。麦克斯韦大学毕业以后，便开始了电与磁理论的研究。

科学家麦克斯韦

这个时候，法拉第发现电磁感应已经有23年了。法拉第始终认为，磁场变化时能产生电流，而电力和磁力都是通过某种媒介物而传递的。但是，大部分科学家认为不是这样，有的还提出了与法拉第认识相反的一些观点。可见，当时的电和磁的理论，在一些主要观点上争

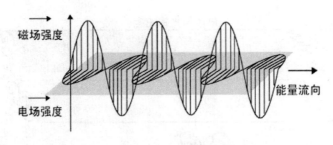

磁场强度

电场强度

能量流向

电磁波的传播

论还是很激烈的。

麦克斯韦是个很有主意的人。这时他下定决心对法拉第没有数学根据的观点进行深入的考察。他说："如果迄今为止没有数学式证明这一理论，那么让我去做这一工作吧！"

1855年麦克斯韦完成了名为《论法拉第的力线》的数学论文，第一次从数学上证明了法拉第理论的正确性。1862年麦克斯韦又发表了名为《论物理的力线》的论文，得出了"电或磁的波动是光的一种"的重要结论。他用数学的方法证明了变化的电场能产生磁场，变化的磁场也能产生电场，他把电场与磁场的这种波动，就称为电磁波。他用数学的方法还证明了电磁波与光是同样的物质，两者的传播速度也相等。这一结论，一下子震惊了世界。

1864年，麦克斯韦又发表了一篇非常重要的文章，题目是《电磁场的动力学理论》。在这篇文章中，麦克斯韦对法拉第等人和自己的研究工作进行了系统而概括的总结，提出了联系着电荷、电流、电场、磁场的一个完整的数学方程组。后来，有人对这个方程组又进行了一些加工和整理，成

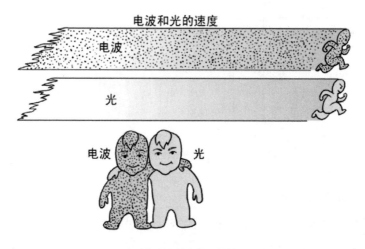

这对孪生兄弟跑得一样快

为了电磁场理论的基本方程，人们把它叫作麦克斯韦方程组。由这个方程组得出的结论，大体上有以下几个方面：①不仅变化的磁场能产生电场，而且变化的电场也能产生磁场；②只要有变化的电流，就有变化的电场和变化的磁场在空间的传播，从而形成电磁波；③电磁波中的电场和磁场相互成90度角，而且又都和传播方向相垂直；④电磁波的传播速度始终是一定的，它总是以光的速度传播，1秒中就可以走30万千米。

麦克斯韦的上述观点，是用纯数学方法阐述的，被称为电磁场理论基本方程的麦克斯韦方程组，也是用纯数学方法建立起来的理论。由于当时还没有在实验中获得电磁波，因此仍有不少人怀疑麦克斯韦的理论，也不承认电磁波的实际存在。

● 赫兹的实验

1864年，在麦克斯韦用数学式证明了电磁场理论之后，在科学家中看法并不统一。支持派认为，麦克斯韦的数学证明十分严密，结论是可信的；反对派认为，虽然数学上严密，但没有事实上的证明，电磁波的真实性还不能相信。双方进行着激烈的争论，但遗憾的是谁也没有充分的理由来驳倒对方。

就在这种情况下，支持派中的一些年轻人，决定通过实验的方法来获得电磁波，这当然是一个十分困难的问题。

当时在德国波恩大学任物理学教授的赫兹，认真阅读了麦克斯韦关于研究电磁波的书，并于1887年着手于对电磁波进一步深入研究。他大胆地设想：如果想办法撞击电火花，使它周围产生电振动，这种电振动肯定会向四面八方传播，那么，可不可以在火花周围捕获一些振动，再用来撞击别的火花呢？赫兹带着这个问题，开始了企图通过实验的方法获得电磁波的研究工作。

赫兹的实验其实很简单。他利用一个与感应线圈连接着的没有闭合的电路作为振动器，这个电路中包括了两根金属放电杆，每根金属杆的一端安上一个金属球，作为放电

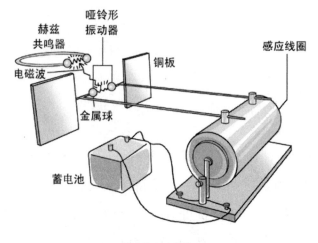

赫兹的实验装置

器，再将装在莱顿瓶中的电进行放电，则在两个金属球之间
就激起了火花。这时就能发现在10米远的地方开路金属环两
个金属球之间，也出现了火花的闪现。也就是说：如果使莱
顿瓶放电，则突然增大的电流就像蛇一样来回振动起来，这
就说明有变化的电磁场向四周传播，电磁波弥漫在了整个空
间，进而引发在较远处的开路金属环两个金属球之间产生了
火花。这样，赫兹终于在1887年通过实验的方法，成功地捕
捉到了电磁波，从而证明了麦克斯韦预言电磁波存在的正确
性。赫兹于1888年发表了他的实验结果，当时他还很年轻，
只有31岁。

在这之后，赫兹又用实验的方法证明了电磁波与光有
同样的特性；电磁波的传播速度等于光速；电磁波能跟光一
样，遇到金属板可以反射。由此说明了光也是电磁波的事

赫兹成功地捕捉到了电磁波

实。赫兹还测出了自己实验中获得的电磁波的波长为9.6米。

　　赫兹实验有着非常重要的意义，它从根本上证明了法拉第预感和麦克斯韦理论都是正确的。但可惜的是在赫兹发

表他的实验成果的1888年，法拉第已经去世21年，麦克斯韦也去世9年了，他们都未能看到赫兹实验成功的这光辉的一幕，但历史将永远铭记他们。

赫兹实验的成功，开创了人类对电磁波应用的新时代。遗憾的是，赫兹对电磁波的应用不感兴趣。有人曾经多次问他："是否将您的发现用于电信呢？"赫兹总是回答说："我认为这不太可能。"

1894年，年仅37岁的伟大的实验物理学家赫兹，与世长辞了。他没有能看到电磁波用于无线电通信，更没有能看到电磁波的广泛应用和对人类社会的发展带来的巨大影响。

● 马可尼的发明

赫兹在实验室里获得电磁波后，立即就有人想将它应用于通信，而赫兹本人却认为这是不可能的，是很可笑的。

任何一个时代，只要有新的发现，必然有人要努力将其应用于更好的发明。如果电滋波是在空间传播的话，是否可以有无线电通信呢？很多人抱着这样的想法投入到无线电通信的研究之中。其中最突出的是开辟电磁波新时代的意大利发明家马可尼。

马可尼对自然科学的热爱是从阅读父母的科学书籍开始的。在他很小的时候，父母就将他托付给当时有名的鲁慈教

开辟电磁波新时代的发明家马可尼

授和里奇教授，希望他能有所作为。在两位老师给他安排的
课程中，马可尼最感兴趣的是电磁学知识。生于1874年的马
可尼，在他20岁那年，也就是1894年，正好赫兹逝世。就在
这一年，马可尼在他的避暑地阅读了赫兹的传记，从此，他
对电磁波的应用产生了极大的兴趣。

马可尼想，"如果使用电磁波，那么没有电线也就能
传播信号了"，他一边这样想，一边就开始了实验。1895年
是马可尼成功的一年，在这一年中，他完成了在三楼遥控一
楼电铃自动响的实验；完成了在阁楼上通过发报机，用莫尔
斯电码发出"S"信号，在庭院内的收报机成功地接收到了
这个信号的实验；成功地进行了火花放电式莫尔斯电报的实

验；在开阔地1700米，在有坡条件下1200米的距离上，应用电磁波通信也宣告成功。

在远距离无线电通信成功以后，马可尼向意大利政府申请专利，但没有批准。马可尼在失望中离开了意大利，于1896年2月来到了英国，这一远行给他带来了好运。

英国邮电部技师弗里斯也正在进行无线电通信的研究工作。当他知道比自己小37岁的年轻人马可尼的研究成果更为先进时，毅然抛开了自己的实验，全力帮助马可尼做进一步的研究工作。在英国政府的帮助下，马可尼实验获得了进一步的成功，并于1896年6月获得了收发信号的无线电报机的专利。又于1897年7月在英国伦敦成立了无线电公司，马可尼全身心地致力于无线电事业的发展。

1897年末，马可尼回到意大利，开办了无线电报通信公司，成立了无线电信局，开展了船舶间的通信业务，使相距20千米的军舰上也可以相互通信。后来，马可尼的电信装置不断改进，1898年在英国的怀特岛首次进行了收费无线电广播。1899年3月27日，马可尼在英国的南福兰角建立了一个无线电报站，用来与50千米以外的法国维姆勒地区通信，成功地使无线电信号越过了英吉利海峡。同年9月，马可尼用无线电设备装备了两艘美国船舶，用无线电报向纽约新闻界报道了美国杯快艇赛的消息，引起了世界轰动。在这一年，马可尼还用无线电报为救援"马西乌斯"号进行通信联络取得了成功。1900年，英国军舰首次安装了马可尼无线电发报机。

马可尼无线电通信的距离渐渐扩大，服务的内容也越来越广。1901年12月14日，马可尼实现了无线电波的远洋传播，他在加拿大的纽芬兰岛成功地接收到了由英国发出的跨越大西洋而传播来的电磁波信号，传播距离达3000千米。从英国到加拿大，跨越大西洋成功了，这一成就在世界各地引起了巨大的轰动，成为后来所出现的全球无线电通信、广播电视、卫星通信等技术广泛发展的新的起点。从此，世界真的变成"地球村"了，人类的电气化进入了一个全新的发展阶段。

马可尼仍在不断改进无线电通信装置，于1909年获得了诺贝尔物理学奖。

独立从事无线电报研究的先驱者，还有俄国的波波夫，他也取得了一系列惊人的成绩，而且他是第一个采用天线的人。但由于波波夫所在的俄国比较穷，他的发明没有引起俄国政府的重视和支持，又因波波夫进行传送无线电报的实验要比马可尼晚，因此，通常认为无线电报的创始人为马可尼。不过，波波夫的贡献人们也是不会忘记的，他的发明一直在俄国军舰上得到了很好的应用。

回顾人类的科学发展史，我们不难看出继承与创新，是整个科学与文化发展的基础。仅从人类对电磁波的认识过程，便能看出为科学事业而献身的科学家之间的接力赛。

你看，法拉第在电磁感应现象中，对电磁波在空间传递的预感，由麦克斯韦电磁场理论所证明；麦克斯韦理论由赫

兹实验所证明；赫兹实验的成果，又由马可尼加以发展并应用，从而发明了无线电报通信。这是多么伟大而动人的科学家的接力赛呀！从中还可以看出：实践—认识—再实践—再认识，这就是科学发展的规律，也是人类认识客观世界的一个必然的过程，由此，才创造和发展了人类的文明！

四、电磁波载息传万里

　　电磁波的首例应用是无线电报的出现，即1895年马可尼发明了用电磁波远距离传送信号的方法，并很快得到了发展。紧接着，在1899年美国人柯林斯建造了第一个电波无线电话系统，1906年费森登在美国建起了世界上第一座无线电话发射台，最早实现了无线电话通信，同年年底，费森登又第一次进行了无线电广播的试验性播放。1919年，英国建成了世界上第一座播送语言和音乐节目的无线电广播电台。1921年人类首次实现了短波跨越海洋的传播。1925年英国人贝尔德发明了世界上第一台实用的电视机。20世纪30年代实现了微波通信。20世纪60年代前后，逐步发展起了卫星通信，到20世纪70年代已渐渐得到了普及。20世纪末，激光通信、光纤通信逐渐得到了发展。于是人们利用电磁波可以方便地将文字、声音、数据、图像等信息传送到四面八方。在人类实现现代化的进程中，通信领域的现代化始终走在前列！

● 成长中的无线电报通信

在1895年，21岁的马可尼发明了第一个用电磁波传递信号的无线电报，但传送的距离还不算远。当时，有些数学家认为，利用电磁波进行通信时，由于地球曲率的影响，只能局限于160～320千米的距离。但马可尼不同意这种看法，他经过认真研究，于1901年终于设法突破了地球表面弯曲的影响，实现了远距离的电报通信。他的方法是在英格兰西南部建了一个发报站，在相距3000千米的北美洲纽芬兰岛建造了一个收报站。马可尼把地空系统的天线装在了一只风筝上，1901年12月12日，他收听到了从大西洋彼岸的英国西南部传来的"嘀嘀嗒嗒"的电报声。马可尼用电火花式发报机进行的这项实验取得了成功，又一次在全世界引起轰动。马可尼的这次成功实验，成为随后进一步发展起来的无线电通信和无线电广播事业蓬勃发展的新的起点。

1902年，马可尼发明了磁性检波器，使传送的信号更加逼真。这一年，他还发现由于某些无线电波靠大气上层反射传播，所以有时夜间的传播条件比白天更为有利。这样就可以进一步提高无线电电报通信的效率。1904年，马可尼建立了一个为英国和美国之间提供无线电新闻服务的通信处。几年后又开放了一个为公众服务的新闻通信处。1908年在美国纽约用无线电还转播了一场音乐会。

由于马可尼在远距离电报通信中，使用了德国科学家布劳恩的一些发明成果和新的技术，因此，在1909年，马可尼与布劳恩一起荣获了诺贝尔物理学奖。

1910年，马可尼接收到近10 000千米之外发出的电磁波信号。之后，他又对无线电发射和接收设备进行了不断的改进，使地球上相隔遥远的两地都可以相互通信了，许多进行远距离通信的电台都纷纷建立了起来。马可尼亲眼目睹了无线电报通信的迅速发展。

马可尼的研究成果，不仅为远距离电报通信奠定了基础，而且在远距离无线电通信的几乎所有的领域中，他都有开创性的工作。

这位为人类无线电通信事业做出突出贡献的伟大的科学家，于1937年7月20日在意大利的首都罗马去世，享年63岁。意大利政府为他举行了隆重的国葬，全世界所有电台都停播2分钟，纪念这位首先应用电磁波为人类服务的伟大的发明家——马可尼。

● 无线电话的诞生

1899年，美国的柯林斯用他本人发明的弧光无线电话，建造了第一个电波无线电话系统。

1903年，丹麦一个叫波尔森的人发明了一种电弧式无线电话。

最早实现无线电话通信的科学家是费森登。1906年，他在美国马萨诸塞州的布兰特·罗克建起了世界上第一座无线电话发射台。在当年圣诞节前夕，费森登首次用发射的无线电话信号来传送音乐与讲演，一个海上接收站和几个陆上接收站，都收到了这个信号，传送距离达到350千米。

无线电话的另一个开拓者是三极管的发明者德·福罗斯特。1906年，美国发明家德·福罗斯特对已有的二极管进行了改进，他首先研制出了真空三极管。三极管的功能比二极管的功能要多，它不仅能检波，而且能使微弱的电流放大。这是一项非常重要的成果，它为电子工业及无线电通信技术的发展奠定了基础。

1907年在美国的纽约，1908年在法国的巴黎，德·福罗斯特在铁塔上利用麦克风发射了无线电话信号。1910年他使用了三极管通过无线电话线路，试播了意大利著名歌唱家卡鲁索演唱的歌曲，并一举成功。

后来，德·福罗斯特和他的助手们，找到了一种可以控制三极管放大作用的方法，使三极管的放大倍数大幅度地提高，工作性能也更加稳定。1912年，德·福罗斯特等人又发明了再生电路，利用正反馈技术使音频信号放大到可以接收的程度。从此，三极管开始用于无线电电话机线路中，并且得到了推广。

1913年，奥地利人和美国人，分别研制并使用了三极管的振荡发生器和持续的高频振荡电路，从而促使无线电通信事业迅速地发展起来。

1915年，在旧金山国际博览会上，德·福罗斯特公司的展台与美国电话电报公司的展台相隔不远。美国电话电报公司的参展人员，采用德·福罗斯特的三极管放大器制成的电话中继器，通过头戴式耳机，与纽约进行了长途电话的演示，实现了横贯大陆的无线电话通信。

在马可尼实现无线电报飞越北大西洋传送信号之后的第14个年头，也即1915年，无线电电话信号也越过了北大西洋。就在这一年的9月30日，美国弗吉尼亚州的阿林顿，与旧金山和夏威夷通了电话，10月21日又与法国巴黎成功地进行了军用无线电话通信，所用的发射机和接收机，都采用了电子管再生电路。

第一次世界大战中，无线电话特别是机载无线电话和车载无线电话，在战争中发挥了重要的作用，开创了"陆、海、空、电"四军协同作战的新局面。当时作为"第四军"的"电"，主要是指无线电报和无线电话。这一新的情况，开始引起了各国政治家和军事家的广泛关注和高度重视。

1927年，英国首都伦敦和美国最大的城市纽约之间的无线电电话也正式开通。从此之后，无线电电话事业有了更加迅速的发展。

1948年，美国贝尔实验室试制出了一种用于找人的寻呼接收机，称为BellBoy（带铃的仆人），简称BB机。20世

方便的PHS手机

纪50年代以后，各国无线电寻呼业务都迅速发展起来。在20世纪80年代初，寻呼机进入中国，至今，全国已有近2000个市、县开通了寻呼业务。到1995年4月，我国用户数已达到1900万，成为用户数量世界第一的无线电寻呼大国。

20世纪90年代，日本生产出多种形式的寻呼机，比如汉字寻呼机、笔型寻呼机、手表型寻呼机等。特别是还研制出一种融寻呼机和移动电话机于一体的通信设备，用户不仅可以接收信息，还能发出信息，从而使既能收又能发的寻呼通信成为现实。

现在，我们来谈谈"大哥大"。它是"蜂窝"移动电话的俗称，也就是通常所说的"手机"。

对于移动电话，现在人们已非常熟悉。早在1917年美国使用的机载电话，就是最早的空中无线电移动通信；1921年美国警方使用的车载无线电台，是最早的陆地无线电移动通信；1929年美国"利瓦埃森"号轮船上安装了无线电话，以供乘客使用。1946年美国首先开通了人工转接汽车（移动）电话系统以后，人工移动通信才开始发展起来。1964年美国研制的汽车自动移动通信系统获得成功并投入使用，这个时候，移动电话技术才日益成熟起来。直到20世纪70年代，由于先进的电子开关器件、频率合成器、微处理器等技术的出现，许多国家开发出一种新型的移动电话系统，这就是"蜂窝"无线电话通信系统。

在进行"蜂窝"无线电话通信时，通常是把某城市或某地区的一个大区域，分成若干个"蜂房"形状的无线电传输区，若干个"蜂房"构成一个"蜂窝"。这种电话的名称就来源于此。

每个"蜂窝"都配备有低功率发送器，一般都安装在塔顶或高大的建筑物上。每一个"蜂房"由中央计算机控制，并自动接入公共电话交换网，因此能传送电话呼叫。当用户从一个"蜂房"移动到另一个"蜂房"时，移动中的电话呼叫就会自动转移到用户所在的"蜂房"的发送器，而原"蜂

房"的信号就会自动减弱，这种转移方式称为"接力"。

20世纪70年代在美国和日本，80年代在瑞典、挪威、丹麦、芬兰等国家，都先后开通了"蜂窝"移动电话系统。20世纪80年代中期，"蜂窝"移动电话系统进入高速发展阶段，1985年，全世界"蜂窝"移动电话用户为55万，到1990年5月，猛增到822万。

我国"蜂窝"移动电话通信起步较早，1986年11月，上海引进了第一套900兆赫的"蜂窝"移动电话系统。1987年11月，广州开通了我国第一个900兆赫的"蜂窝"移动电话系统。随后，在深圳、珠海、河北、天津等许多省市也相继开通了这种电话系统。现在，不仅在城市，就是在农村的很多地方，很多人都使用上了被称为"大哥大"的"蜂窝"移动电话。可以说"大哥大"在中国已家喻户晓了。

人们对"大哥大"的卓越功能赞赏不已。因为使用它能迅速及时地获得各种信息，从而能把握时机做出相应的决策，使事业成功的机会大大增加。广大用户已经从中得到节省时间、提高效率、赢得效益等好处。此外，在传播消息、抢险救灾、追捕罪犯等方面，"大哥大"也显示了它的威力。

还有一种电话叫作无绳电话。所谓"无绳"，是指手机（送话器与受话器）与主机（原电话机）之间的连线，被各自配备的小功率无线电收信发信机取代，而主机仍然通过电话线与公众电话网的交换机相连。用户可以边走动边通话，给人们带来方便。

第一代公用无绳电话是在20世纪70年代问世的，它的使用范围小，实际上是附加在公用电话网上的一种移动业务。

第二代公用无绳电话始于20世纪80年代，它与第一代无绳电话相比，具有容量大、功能强、音质好等优点。1992年8月，我国深圳率先使用。

第三代无绳电话始于20世纪80年代末90年代初，它是为满足高密度用户环境的需要而设计的，其主要优点是可以双向呼叫、全话音加密，还能传输数据信息等。日本独立开发的第三代数字无绳电话系统，称为"PHS"，PHS系统子机之间不用通过母机，就像对讲机一样直接呼叫，进行通话，这个优点是"蜂窝"移动电话不具备的。PHS的入网费、服务费大约为"蜂窝"移动电话的1／3，因此又称为"平民大哥大"。它又是一种适合多媒体时代需要的通信系统，因此有人把它推崇为"新时代的无绳电话"。20世纪90年代，我国及东南亚的一些国家和地区，也开始建立了PHS系统。

各种无线电话的应用，推动了个人化通信的发展，奇妙的电磁波给人们带来了方便。

● 最早的无线电广播

最早的无线电广播发生在1906年12月24日，在这一天的晚上8点左右，美国发明家费森登主持和组织了人类历史上第一次无线电广播的试验性播放。美国弗吉尼亚州诺克的

无线电报务员听到了从马萨诸塞州的布兰特·罗克传来人的讲话声和乐曲声，他们都感到十分新奇和激动，都情不自禁地呼喊了起来。同时收到的还有美国新英格兰海岸船只上的无线电报务员。人类第一次无线电广播的成功，为现代无线电广播通信开辟了广阔的前景，并确定了无线电在航空、航海、军事上的重要地位。

美国发明家费森登，1866年10月出生在加拿大。大学毕业以后，先后担任过新泽西州爱迪生实验室的首席化学师和西屋电气公司的首席电气技师。1892年以后，先后到几所大学任教，从那时起，他开始研究无线电通信问题，希望能通过无线电把人说话的声音传送出去。1900年，他到美国气象局工作，从事无线电报方面的实验，以便满足气象预报的需要。就是在这个时候，他开始进行有声广播的研究，以实现用无线电波传送声音的理想。

1902年，费森登在马萨诸塞州成立了美国电气信号公司并任总经理。他夜以继日地在实验室研究探索，虽屡经挫折，仍坚持不懈地努力，终于取得了突破性进展。他不仅用高频发射机产生了连续的电波，而且在前人的基础上，提出了用电磁波传播声音的一种方法。这种方法就是：利用研制出的高频无线电发射机，通过声音信号对高频（变化很快）无线电连续波的振幅进行调制（调幅），然后再将携带声音信号的调幅波发射出去，在收信端进行解调，再将解调出的声音信号进行放大，从而就实现了无线电广播。这是费森登对无线电技术做出的一项突出的贡献。

在费森登的指导下，移居美国的瑞典发明家，通用公司的亚里山大森，于1906年设计并制造出80千赫的大功率高频振荡器，为无线电广播提供了条件。

1907年2月，美国纽约的德·福雷斯特无线电话公司开始进行世界上最早的无线电广播定时播出的试验。就在这一年，费森登又把无线电广播通信的距离延长为350千米。

1912年，阿姆斯特朗发明了超外差式接收电路。1919年，英国建成了世界上第一个无线电广播电台，每天定时向公众播放语言和音乐节目。1920年，英国的切姆斯福德电台开始播音。1920年年底，美国匹兹堡市建立了一座商业用无线电广播电台，它的代号为KDKA。

1921年至1922年，无线电广播电台的数量在迅速增加，收音机和无线电元件的销量猛增。1922年11月，全美国已有564座注册的无线电广播电台。中国在1922年利用外资也开办了第一座无线电广播电台。

1922年，美国的纽约与芝加哥的电台利用长途电话线路连接起来，报道了一场足球赛。在1926年，美国广播公司以纽约电台为中心，建立了无线电台常设网，用来分配每天的节目。

1925年，日本发明家八木秀次发明了超短波天线。1930年前后，人们开始使用超短波段进行无线电广播，使声音传送的距离更远。1933年，出现了调频技术，无线电广播技术

又有了新的改进。20世纪60年代，立体声广播开始出现。

时至今日，无线电广播已深入到千家万户，收听无线电广播已成为人们生活中不可缺少的内容。

● 电视的梦想成真

电视是用电磁波传送活动图像及其伴音的一种广播通信方式。世界上第一台实用电视机是在1925年由英国人贝尔德发明的。

贝尔德在少年时代就热衷于科学，对制作电话、照相机、滑翔机等有着浓厚的兴趣。他在上中学时就立志成为一个科学家。后来，他考上了格雷斯的工科大学，从此便开始了他的研究生涯。

有一次，贝尔德在看书时了解到金属元素"铯"具有一种特殊的性质："在有光线的地方就可以导电。"这时，贝尔德突然闪出一个念头："要用铯的这种性质来发明电视。"从此以后，贝尔德便全身心地投入到了对铯的研究和实验当中，在他看来，没有什么比实验更为重要的了。

贝尔德大学毕业以后，第一次世界大战爆发，再加上他家境贫困，为了谋生，他不得不中断了自己的研究工作。但他始终没有忘记自己要做一位科学家的理想。他父亲是一个牧师，也经常鼓励他要成为一个优秀的科学家，为人类的幸福做贡献。贝尔德时刻记着父亲的嘱咐，他常说："我一定要牢记爸爸的教诲，成为一个为人类做出贡献的科学家。"

有一段时间，贝尔德的身体状况不好，就到一个温泉场去休养。这个时候，他又回想起以前做过的实验，继续进行研究的欲望又重新燃烧起来。当时收音机广播刚刚开始，贝尔德想："现在声音可以用电波传送了，那么，如果铯的研究成功了，用电磁波传送图像也就可以成为现实了。"于是，在他恢复健康不久，又开始了紧张的研究工作。

贝尔德家中经济条件很差，所以实验中使用的东西都是一些废旧器材。由于贝尔德的苦心钻研和不断努力，性能良好的新的光电池终于制作成功，使用这种光电池和很多其他的机器组合成了一套新的实验装置。

1924年，贝尔德使用这种装置通过电流，成功地传送了一个布娃娃的形象。虽然画面不大，轮廓也不太清楚，但毕竟是实验成功了。这时，在贝尔德苍白的脸上浮现出了笑容，他几乎跳了起来。

贝尔德为了改进电视机的性能，继续进行着实验。经过他呕心沥血的研究，终于使传送图像的梦想变成了现实，他终于获得了成功。

1925年10月2日，贝尔德和往常一样在做把图像投影到荧光屏上的实验。当他紧张的眼神注视着荧光屏时，他惊呆了，那里浮现出一个比原先要清楚好几倍的布娃娃的脸。这时，他兴高采烈，一口气从三层楼上跑下来，叫了一个小店

勤奋的贝尔德正在做实验

员上楼进行了演示，发现在屏幕上能清楚地看到人的各个细微的动作。

就这样，世界上第一台电视机诞生了。两年后，贝尔德在英国科技协会进行了电视机的公开实验，获得了成功。许多报纸在醒目位置刊登了"世界上第一台电视机的发明人——贝尔德"这一喜讯。

贝尔德继续进行着电视机的研究工作。他一边改进原有的电视机，一边着手研究彩色电视机。1927年，他对彩色电视机的研究取得了进展，通过实验也获得了成功。后来，贝尔德又发明了更大画面的彩色电视机。在20世纪30年代，英、美、德、荷兰、苏联等国家试验播出电视，使用的都是贝尔德发明的机械扫描式电视机。这种电视机的特点是通过电动机和旋转带孔的圆盘等装置来实现机械式扫描，缺点是结构复杂、有噪声，画面清晰度也有待提高。

差不多与此同时，美籍苏联科学家兹沃尔金也投入到了对电视机的发明当中。他先后研制成功电视摄像设备、光电摄像管、电子扫描显像管等。1925年他获得了全电子扫描彩色电视系统的专利，1932年他为全美国无线电公司组装出世界上第一套全电子电视系统。在接收机中使用了电子扫描系统和经过改进的阴极射线管及显像管，从此电子扫描式电视机就进入了实用阶段。20世纪30年代中期，电子化的电视迅速取得了发展，兹沃尔金于1938年制成了第一台实用的电视摄像机，1939年美国开始播放全电子式电视。由于电子式电

贝尔德看到电视机中出现了自己的影像

视机比贝尔德机械式电视机要简便得多，性能也更好，尤其是画面清晰，没有噪声，所以不久英国的电台也开始使用电子扫描式电视机，机械扫描式电视机就逐渐被淘汰了。

到了1940年，哥伦比亚人发明的利用光电摄像管的彩色电视机开始试验。1949年彩色电视开始正式播放。20世纪50年代初，电视台如雨后春笋般地在世界各地建立了起来，使用的都是电子扫描式电视机。

贝尔德发明的机械式扫描电视机虽然在竞争中被淘汰，他本人也因贫困而离开了人世，但世界上第一台电视机毕竟是他发明的，历史不会忘记他。

为了用电波传送图像，从19世纪下半叶开始，科学家们经过了50多年的艰苦探索。在这些探索者中，有不少人经济条件优越，资金富有，设备齐全，但都没有成功。谁也没有想到，竟然是体弱多病、家境贫寒的贝尔德，完成了这项不可思议的伟大发明。这一壮举，引起了世人的赞叹！这充分说明，远大的理想，执着的追求，坚强的意志，不懈的努力，是事业成功的保证。这是发明家贝尔德留给后人的比他的发明更为珍贵的精神财富。

● 无意中发现的短波通信

1899年3月，马可尼成功地进行了使无线电波越过45千米宽的英吉利海峡的实验。当时，马可尼使用的是中波，波长为1000～100米，相应的频率（即1秒内波动的次数）为300～3000千赫。中波是人们利用较早的波段之一，它主要用于广播、导航、通信等。

短波波长为100～10米，相应的频率是3～30兆赫。由于短波传播的距离远、经济方便，因此短波的应用很快超过了中波。1921年，人类首次实现了短波跨越海洋的传播，开创者并不是赫赫有名的专家，而是一个名不见经传的业余无线电爱好者的一次偶然的发现。

阿普尔顿

1921年，意大利罗马市郊发生了一场大火灾，一台功率只有几十瓦的业余短波无线电台发出呼救信号，目的是让附近的消防人员迅速来救援。出乎意料的是这个呼救信号竟然被1500千米之外的哥本哈根

（丹麦的首都）的一些接收机收到了。这当然对救罗马的火灾无济于事，但这一发现引起了许多无线电爱好者的兴趣，更引起了一些科学家的重视，他们都分别进行了类似的实验。实验结果表明，对于远距离通信来说，短波比长波更为合适，于是短波通信线路开始在一些国家逐步建立起来。1924年，在德国的瑙恩与阿根廷的布宜诺斯艾利斯之间，建立起了第一条短波通信线路。

科学家们发现，无线电波能绕地球弯曲传播，是因为在大气层中有带电粒子层的缘故，而这个带电粒子层，是由于

各种电波在电离层的反射

太阳紫外线对大气层中空气的电离作用而产生的。1924年，英国物理学家阿普尔顿在巴尼特的协助下，通过直接测量带电粒子层的高度，最先证实了在离地面高110～120米处有带电粒子层的存在。这个带电粒子层的存在，最早是由美国通信工程师肯内利和英国电气工程师亥维赛在20世纪初提出的一个假设，现在这个假设得到了实验上的证实，因此被称为肯内利—亥维赛带电粒子层，也叫E带电粒子层。1926年，阿普尔顿又发现在离地面高200~400米处，也存在一个带电粒子层，人们把它叫作阿普尔顿带电粒子层，也叫F带电粒子层。由于阿普尔顿的突出贡献，他在1947年荣获了诺贝尔物理学奖。1930年，英国物理学家沃森·瓦特正式把存在于高空大气层中的这些带电粒子层命名为"电离层"。比如，上述的E带电粒子层，叫作E电离层；F带电粒子层，叫作F电离层。

人们经过长期的探索，逐步认识到中波段电磁波主要是在E电离层与地面之间不断反射而传向远方的。而短波段电磁波主要是在F电离层与地面之间不断反射而传向远方的。显然，短波传播的距离比中波传播的距离要远得多。

用短波进行无线电通信就称为短波通信，它主要靠天波和地波两种方式进行传播。天波传播就是靠F电离层的反射进行传播，它的传播衰耗小，因此，用较小的功率、较低的成本，就能进行远距离的通信和广播。短波广播至今仍是国际广播中的主要手段，短波波段也是现代业余无线电通信常用的波段。

1938年，苏联建成了一个功率为120千瓦的短波无线电广播电台，它是当时世界上功率最大的一个无线电广播电台。

20世纪20年代问世的短波通信，改变了无线电通信发展的历史进程。随着美国无线电公司的成立，美国无线电公司把原属于马可尼公司、贝尔公司、通用公司等公司的有关电子管及其他无线电元器件的专利统统集中了起来，使无线电元器件的生产进入了大规模工业化阶段，电子工业开始形成一门独立的产业，使短波通信事业也有了更大的发展。

● 迈向微波通信时代

20世纪30年代，电磁波的应用进入微波阶段。微波通常是指波长为1米～1毫米的电磁波，相应的频率为300～300 000兆赫。现在，微波已广泛用于通信、雷达以及其他许多科学领域中，微波炉及微波治疗仪早已进入了人们的日常生活中。

短波通信问世以后，曾经兴旺过一段时间，但是它也有一些缺点。短波通信主要依靠天波传输，以电离层为中继，但电离层的状态很不稳定，季节的更换、昼夜的交替、气候的变化等因素，都可以引起电离层的变化，进而引起短波通信过程的波动，甚至会中断。短波通信还存在有天波与地

波都传输不到的寂静区域，如果接收电台在这些区域内，就无法接收到短波信号，通信就无法进行。此外，电离层有好几个分层，同一频率的信号会沿着不同的途径反射到接收地点，这就是短波通信的"多径效应"，它也会使接收质量大大降低。再加上在短波通信波段内电台日趋拥挤，因此，短波通信已经不能满足人们的通信需要了。

为了满足新的要求，1929年克拉维开始进行微波通信的试验。1930年他在美国新泽西州的两个电台之间，用直径为3米的抛物面天线进行了微波通信。同一年，还有人开始用微波进行无线电广播。1933年，在克拉维的主持下，从英国的莱普尼列到法国的圣·因格列维特，开通了第一条商业用微波通信线路。

1936年，索思沃思提出了超高频波导管的理论，并发明了微波用的波导管。简单地说，波导管就是把电磁波限制在其内部的一种空心金属管。波导理论的建立以及波导管的实验与应用，促使微波技术日趋完善。

1937年，美国物理学家瓦里安兄弟制出了双腔速调管振荡器，1939年，英国物理学家兰德尔和布特制造出了多腔磁控管。这是两种微波电子管，它们可以分别以不同的方式，产生连续的微波振荡。这些研究成果为微波技术的形成和发展奠定了基础。

在第二次世界大战期间，微波技术的研究是围绕着军用雷达的研制进行的，从而推动了微波元器件、高功率微波管、微波电路、微波测量等技术的研究与开发。

第二次世界大战以后，微波技术的应用范围扩大到了通信领域。利用同轴电缆进行微波传输，频率可高达几千兆赫。若要传输频率更高、能量更大的微波时，就得用波导管了。在波导管内，微波以电场与磁场交替变化的电磁波的形式通过，如同在一个自由空间里传播的电磁波一样。使用波导管进行微波通信，主要包括通常的微波接力通信和卫星通信。

微波接力通信是靠中继站接力传输来实现微波信号远距离传送的。微波是沿直线传播的，它不受大气层和电离层的反射。由于地球表面是球形曲面，如果在地面进行微波通信，就必须把天线架设到一定的高度，使发射天线与接收天线之间没有物体阻挡，彼此可以"互视"。为了进行远距离通信，就必须采用与接力赛类似的方法，相隔一定的距离建立一个接力站，即中继站。将中继站架设在高塔上或山顶上，微波在每个中继站被放大之后再传送出去。微波接力通信是现代通信中的主要手段之一。

另一种微波通信手段就是卫星通信，对此，我们将在下面详细介绍。

● 地球外的转播站——卫星通信

卫星通信是微波通信的手段之一，它是在20世纪50年代后期开始发展起来的一种新技术。

最早提出利用卫星进行通信这一科学设想的是英国空军的雷达教官与技师克拉克。1945年，克拉克在《无线电世界》杂志上发表了一篇文章，文章的标题是"地球外的转播站"。他在文章中详细阐述了建立一个在全世界范围内转播无线电与电视信号的通信卫星系统的设想。

1957年10月4日，苏联发射了第一颗人造地球卫星，开始了人类利用人造天体为自己服务的新时代，推动了通信卫星的发展。

1958年12月18日，美国发射了"斯科尔号"人造地球卫星，并成功地在A、B两站间远距离传送了美国总统艾森豪威尔的圣诞节献词。这颗卫星虽然只工作了12天，但它作为第一颗通信卫星而载入了史册。

1960年8月12日，美国又成功地发射了"回声1号"通信卫星，它是一个表面涂铝的塑料气球，发射后充气膨胀，直径为30米。它不带无线电设备，是一颗无源通信卫星。它能

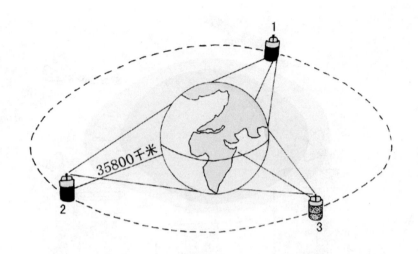

地球同步通信卫星

把无线电信号从一个地球站反射到另一个地球站，实现双向无线电信号的传递，推动了美国卫星通信的发展。这也标志着在世界范围内进行无线电与电视通信的开始。

1962年7月10日，美国发射了"电星1号"通信卫星，这是人类发射的第一颗有源通信卫星，它既装有接收机，又装有发射机。第二天，美国观众通过这颗卫星，第一次收看到了大西洋东岸播出的电视节目实况，首次横跨大西洋的电视转播试验获得了成功。此外，这颗卫星还成功地传送了电报、电话、数据和传真照片。同年，美国还发射了"转播1号"通信卫星，成为美国、欧洲、南美洲、日本之间的通信转播站。

1963年7月26日，美国又成功地发射了"同步2号"通信卫星，这是第一颗进入对地同步轨道的卫星。在此之前发射

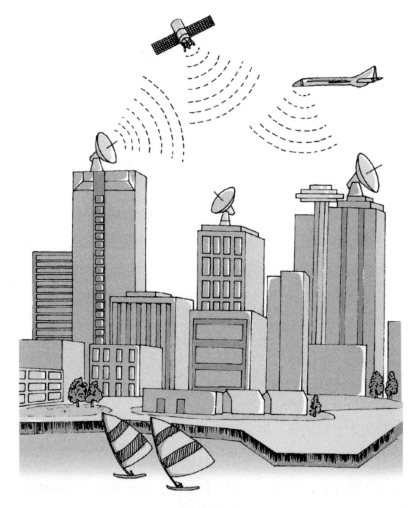

现代通信卫星

的通信卫星都是中低轨道卫星，位于赤道上空10 000千米以下的轨道上。地球同步卫星是高轨道卫星，它定位于赤道上空35 786千米处的轨道上，与地球自转同步，运行周期为一个恒星日，即23小时56分。从地面上看，它好像是停在空中静止不动一样。只要有三个相互间隔120度角分布的同步卫星，就能实现在地球上除两极以外的任何两地之间的无线电通信。

1964年8月19日，美国航空航天局发射了名为"同步3号"的通信卫星，这是世界上第一颗试验性对地同步卫星。当年秋天，利用它向美国转播了在日本东京举办的第18届奥林匹克运动会的实况，从而首次实现了跨越太平洋的电视图像转播。

1964年，西方国家组建了"国际通信卫星组织"，现在，这个组织已经发展到100多个国家，拥有国际电视和电话通信的大部分市场。

1965年4月6日，上述组织发射了第一代国际通信卫星"晨鸟"，成为这个组织使用的12颗卫星中的第一颗。它的重量是39千克，同年6月28日，正式开始承担国际通信业务。

1965年4月下旬，苏联成功地发射了准同步轨道卫星"闪电1号"，运行周期为12个小时，它为苏联北部、西伯利亚、中亚地区提供了电视、广播、传真、电话等业务。

"晨鸟"和"闪电1号"卫星的使用，标志着卫星通信进入了实用、提高和发展的新阶段。

20世纪70年代，许多国家相继发射了实验用的广播通信卫星。1976年1月，美国和加拿大合作发射了"通信技术卫星"，在更高的频率段内进行卫星电视广播实验，取得了比较理想的结果。这是当时世界上功率最大的通信卫星，它

除了传送电视图像外，还能进行双向传声和数据通信。1977年，世界无线电管理会议制定了欧洲、非洲及远东等地区直播卫星的发射标准、轨道和频率，后来又制定了新的标准。苏联、日本、澳大利亚等国，也在不同的频率范围内进行了试验。

进入20世纪80年代以后，电视节目的卫星直播得到了更为迅速的发展。把地面电视台播出的节目传送到地球同步通信卫星上，再由卫星上安装的星载电视发射机发射，就可转发到卫星所覆盖地区内用户的卫星电视接收机。用户只要在自己的楼顶上安装一个天线，就能用家中的电视机，接收到由通信卫星转发的电视节目。

1983年11月，美国联合卫星通信公司开辟了美国最早的卫星电视收费直播业务，为交费的用户提供59个频道服务的电视节目。

1984年4月8日，我国成功地发射了第一颗试验通信卫星，成为世界上能独立发射同步卫星的第五个国家。1988年7月，日本开始利用通信卫星向家庭提供24小时不间断的电视节目。

1990年4月7日，我国用"长征3号"火箭成功地为外商发射了一颗国际商用通信卫星"亚洲1号"，也叫"亚星1号"。我国大部分地区，用直径1米左右的卫星电视天线，就能接收到由它转发的电视节目。从1991年起，中央电视台的节目一直使用这颗卫星转播。

香港亚洲卫星集团所属的亚洲卫星电视网，利用"亚星1号"向亚洲38个国家和地区免费开播了5套电视节目。从1992年初开始，每个台每天24小时不间断地播出。1993年，"亚星2号"发射成功，在亚洲掀起了卫星电视接收的热潮。

1993年，美国发射了直播电视卫星"空中电缆"，用户只要使用口径仅为30厘米的抛物面天线，就可以收看108个频道的电视节目。

欧洲发射的电视直播卫星，如果在卫星电视天线上配接一个解调器，用户还能收看到立体声高度清晰的电视节目。

电视卫星直播有很多优点，图像稳定可靠，图像质量也好，不受地形的影响，能很好地消除重影现象，还能同时传送多路彩色电视节目。直播卫星电视是实现电视大面积覆盖的先进手段，在信息社会里将起着越来越重要的作用。

● 发展中的通信新技术——激光通信

从前边所叙述的内容，我们可以看到在现代通信中，无线电波已经能把语言、声音、文字、数据和图像传播到四面八方。人们已不必为传递信息的速度而烦恼，因为无线电波的速度是每秒30万千米，没有什么比这个速度再快的了。然而，在现代通信中使用的无线电波只是电磁波的一部分，其

他的主要是光波。

从通信事业发展的历史过程看，作为开路先锋的恰恰是光波。早在公元前700多年，烽火报警就为我们的祖先抵御外来入侵之敌立下了汗马功劳。2000多年以后，无规则的火花又率先成为人们了解电磁波的先驱。后来只是因为普通的光波不是相干波，频率范围很宽，相位也很不规则，而且通信距离短，质量也不稳定，于是才逐渐被无线电波所代替。但是无情的历史也常常会愚弄人，又经过了200多年科学技术的突飞猛进，今天人们又不得不依靠光波来传递信息了，激光通信就是一例。但这不是简单的复古，而是有着本质上的不同。

那么，什么是激光呢？简单地说，当原子处于高能状态时，如果用一个光子去刺激它，使它由高能状态回到低能状态，同时放出两个光子，然后以这两个光子再去分别刺激其他高能状态的原子，以此类推形成光放大，这样形成的光就叫作激光。所谓激光就是"受激辐射光放大"的简称，它的特点是：单色性好，相干性好，方向性好，辐射的能量高度集中。可见，激光是与普通光有着本质区别的一种特殊的光。自从在1960年第一台激光器问世以来，激光科学和激光技术的发展非常迅速。激光在机械加工、电子工业、精密测量、军事武器、医学治疗、通信技术等方面均有大量应用。我国的激光技术发展也非常迅速，这一尖端技术在我国现代化建设中，必将发挥日益重要的作用。

利用激光通信有两种方式，一种是激光大气通信，另一种是光纤通信。

激光大气通信，是以激光为光源，采用光调制器将信息调制在激光上，再通过光学发射天线发送出去。在接收端，光学接收天线将激光信号接收下来送到光探测器，它把激光信号变为电信号，再经过放大解调后又变为原来的信号。激光大气通信的缺点是容易受气候的影响，比如，大雾天气下传输的衰耗值是晴天时的50倍，这是因为激光光波的波长很短，激光中的光粒子与大气中尘埃和水汽滴大小可以比拟，所以它们能散射和吸收激光能。此外，大气的湍流运动也会使激光束在传播过程中产生闪烁和弥散，从而影响激光通信的效果。所以在地面通信中，激光的大气传输只能用于近距离的点间通信。在宇宙航行中，同步卫星之间的高空大气极为稀薄，这时用激光进行中继通信，信号传递的效果是很好的。但这时又会遇到新的困难，这就是光束太窄，光学设备的对准、控制和跟踪等都很不方便。

光纤通信是利用石英玻璃拉制成的导光纤维作为传输媒介的通信方式。这里利用了光的全反射原理，将激光束限制在光纤芯中传播，这样就可以避开大气的

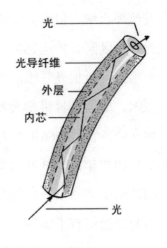

光导纤维

干扰，减少能量损失，从而使信息传输的距离更远。光纤通信中有两个关键性问题：其一，要有高质量的光纤为基础；其二，要有功率大、效率高、单色性好、寿命长的激光器作保证。现在对这两方面的问题，人们正在研究和改进之中。

光纤通信和有线电缆通信的过程相似，不过载波是激光（电磁波）而不是电流。它的工作原理大致是：把所传输的信息（如声音）变成电信号，通过改变激光器电流的方法，对激光器发出的细小光束进行调制，受调制的激光束通过光纤维的长距离传送，经过若干个中继站到达收信端，再通过收信端光电子管的检测，就把从光纤维中传输过来的光信号还原成电信号，受话器又把电信号转变为原来的信息（如声音等）。

光纤是一种细如发丝的玻璃线，能"携带"光线。由于激光的频率很高（波长只有几微米），一根光纤虽然只有头发丝那么细，但它传输的信息量却很大。据初步估算，一根光纤可以同时传送150万个电话或2万个电视节目。如果把几十根或几百根光纤维制成一条光缆，其外形直径也不过1～2厘米，而通信容量却大得惊人。光纤维也叫"光电线"，简称光纤，它是1966年由美国阿穆尔研究所的汤斯发明的。

1977年是光纤通信取得重要进展的一年，美国康宁公司制造出了第一根低损耗光导纤维，它的光能损耗小，使远距离的光通信有了实现的可能。此外，一种高效率的、能在各种环境下长期工作的半导体激光器也制造成功，它就是双异

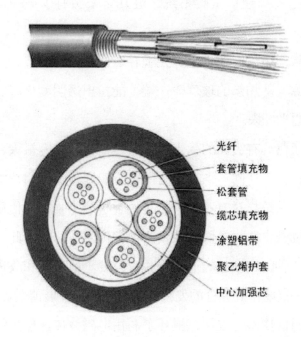

光纤
套管填充物
松套管
缆芯填充物
涂塑铝带
聚乙烯护套
中心加强芯

通信光缆示意图

质结砷化镓激光器，这是光纤通信比较理想的光源，通常只要几十毫安的微弱电流就可以激发它。

1976年，英国有两个城市间敷设了一条光缆，这个光纤系统能同时提供1920条电话通路。1982年，英国电信电话公司进行102千米光纤无中继传输的试验，取得了成功。1983年，美国电话电报公司将光纤通信广泛应用于公用通信网，使用光缆长度近20万千米。与此同时，日本也大力发展了光纤通信系统，还敷设了一条贯穿日本南北的光缆干线。

我国从1977年以来，先后在上海、北京、桂林、武汉

等地建立了光纤通信试验系统，近几年来又有了进一步的发展。

与通常的通信电缆相比，光缆轻、成本低，能节约大量的金属资源。从加热的玻璃棒一端，能拉出透明度极高、长达20千米的光纤来。

光纤通信具有突出的优点：一是传输信息的容量大，线路损耗低；二是在同一条通道上能进行双向传输，用户能通过交互信息系统与对方对话；三是抗干扰能力强，通信质量好；四是投资少，收效快，敷设方便，保密性好。因此，光纤通信是一种比较理想的通信方式，只要不断努力和改进，它的优点一定能得到充分的发挥，有着光明的发展前景。

光纤通信技术的应用，揭开了利用电磁波传送信息的新纪元。可以预料，它与卫星通信一起，必将对人类社会的信息传递带来无法估量的影响。

五、电磁波处处显神通

电磁波的应用不仅推动了现代通信的发展，而且在遥测、遥控、遥感等方面也显示了巨大的威力。20世纪30年代雷达的问世，40年代制导导弹研制成功，50年代随着人造地球卫星的上天，人类掌握了在宇宙空间进行超远距离侦察和探测的方法，60年代反辐射导弹的问世，使雷达的威力受到了限制。与此同时，通过电磁波来实现伪装和夜视，对现代战争都带来了极大的影响。此外，在新能源的开发以及人类生活的诸多方面，电磁波也都显示了它的无穷魅力。在这一部分里，我们就来介绍一下这方面的情况。

● 高级侦探——雷达

蝙蝠的启示

大家知道在夜间飞行的蝙蝠，它的喉部能发出超声波，这种超声波遇到蚊虫或飞蛾等障碍物时能反射回来，它再用

耳朵来接收这个回波信号。蝙蝠有这种能力，而人却没有，但是人们通过巧妙地利用电磁波，可以更准确地发现目标和更精确地测量距离，而完成这个任务的装置就是雷达。

利用电磁波探测目标是在20世纪30年代出现的。1930年1月，德国盖码公司的鲁道夫·库诺，从蝙蝠产生超声波来获得信息这一生物现象中受到启发，经过几年的艰苦努力，终于研制成功了早期的雷达。这种雷达实际上就是一种特殊的无线电装置，它能向空间发射电磁波，这种电磁波遇到目标时便反射回来，雷达根据电磁波往返的时间及发射时的方位角和仰角，能迅速计算出目标的距离和位置，并在监视器上显示出目标的特征。1934年，英国的一位科学家在对地球大气层进行无线电回波信号研究时，偶然发现荧光屏上有一串明亮的光点，他经过反复试验和研究，证实了这是附近某一大楼对电磁波反射的回波信号。这个意外的发现，使他萌发了用无线电回波来探测移动目标的设想。1935年由沃森·瓦特和其他英国电气工程师研制了第一部用于探测飞机的雷达，当时探测的距离虽然只有几十千米，但其意义很大，从此开辟了用电磁波探测和定位的发展道路。

早期的雷达只能发现目标和测量目标的距离，所以把它叫作"无线电发现和测距"，人们取这句话英文字的开头几个字母构成一个新词"Radar"，中文的译音就是"雷达"。

"海狮"作战计划的破灭

在第二次世界大战中，雷达技术得到了广泛的应用和迅速的发展。在大战开始阶段，作战双方都用雷达来预报对方飞机的入侵情况。比如，1940年8月，在纳粹德国征服了欧洲大陆后，准备占领英国。为此希特勒亲自制定了代号为"海狮"的作战计划，出动了近千架飞机向英国进发。然而，他没有想到的是，德军每一次偷袭都被英国空军拦截，仅在2周内德军就损失飞机600多架。希特勒妄图占领英国的计划失败了。为什么英军能对德军进行准确的打击呢？原来英国人在沿海地带建造了许多雷达站，用它来预报来犯的德国飞机的数量、航向和距离，从而及时采取了防御措施，使德军遭到了惨败。这是第一次在实战中使用雷达。再比如，在"珍珠港事件"之前，美国军队也设有雷达站，还发现过来犯的日本飞机，但美国指挥官太大意了，结果耽误了时间，使来犯的日本飞机对珍珠港袭击成功，把驻守在珍珠港的美国太平洋舰队的主力，打了个稀巴烂。这时，轻视雷达作用的美国人才从迷梦中猛醒过来，但为时已晚。

在雷达用于空防之后不久，在军舰上也安装了雷达，这对海军的战术产生了重大的影响。英国军舰利用自己在使用雷达搜索目标方面的优势，即使在风大浪高、天空漆黑的夜晚，也能发现和追击德国的战舰。所以在第二次世界大战后期，德军被击沉的舰船和潜艇的数目迅速增加。到1943年，英国普遍使用了雷达，仅在9月份一个月内，就摧毁德国潜艇64艘，使德国军队受到了很大的创伤。

在第二次世界大战后期，雷达又与武器操纵系统相结

合，使雷达也具备了攻击性。炮兵部队使用了这种雷达之后，不仅能自动搜索、跟踪目标，而且还能攻击目标，从而大大提高了火炮的命中率和炮兵的战斗力。

也是在第二次世界大战的后期，一种新的敌我识别系统用于雷达，使雷达又具有了识别敌我目标的能力。有的雷达还能随着环境和目标的变化，自动调整自己的工作状态，使雷达的威力更大了。

"无所不能"的雷达

第二次世界大战以后，雷达开始被广泛地用于经济建设中。

在陆地上，利用雷达发射的电磁波，测量物体运动的速度；测量风速和风向；预报台风和暴雨；在机场用雷达实现现代化管理和调度等。

在高空中，利用雷达发射的电磁波，帮助高速飞行物飞越崇山峻岭；雷达与电视技术相结合，能使飞行员在自己的荧光屏上形象地看到目标的形状和环境的图像；雷达与天文学相结合，形成了"射电天文学"，用雷达发射的电磁波，可以探测流星的余迹，并推算出120千米以内的大气温度、密度、风向等。1964年，用雷达发射出的电磁波，为飞船在月球上着陆选定了合适的登陆点。

在地下，利用探地雷达发出的电磁波，能够准确地探查出地球的断层、空洞、陷落等地壳结构的缺陷。它利用渗入到地下的电磁波和反射回波进行分析，可以探得地面以下20米范围内的地层情况，从而可以预防地陷滑坡和堤坝崩塌等灾难性事件，还可以用它来探查地下古物或金属矿藏等等。

随着科学技术的不断进步和经济建设的迅速发展，雷达的应用领域还在进一步扩大。现在人们已经普遍认识到，雷达是帮助人类认识世界和观察宇宙奥秘不可缺少的工具，雷达在经济建设领域中也发挥着重要的作用。所以，人们形象地称雷达是"高级侦探"，是人类的好朋友。

说了这么多雷达的好处，你可能会着急地想到：雷达到底是如何工作的呢？怎么会有这么大的本领呢？现在我们就来简单地谈谈这方面的问题。

雷达的基本组成包括三个部分：发射机、接收机、天线。开始时将接收机关闭，把发射机打开，由发射机产生一定形式的高频电磁波（超短波或微波），经发射天线按特定的方向辐射出去。然后再将发射机关闭，把接收机打开，这时原来的发射天线就变成了接收天线。当电磁波在空间传播途中遇到目标时，就有一部分高频电磁波会反射回来，接收天线就会把这个信号接收下来并且输入到接收机中。观察人员就可以在接收机的输出端来判断有无目标以及目标的性质。电磁波从发射机发出到接收机收到反射回来的电磁信号所需的时间，再乘上电磁波的速度（即光速：30万千米/秒），就是电磁波在雷达和目标之间的往返距离。然后再除以2，所得结果就是所测量的目标的距离。利用天线的方向性或者利用双波束天线系统，就可以测量出目标的角位置。

多普勒效应是人们常遇到的一种自然现象。比如，当

你站在铁路旁边时，迎面飞驰过来一列鸣笛的高速火车，这时你会听到汽笛的声调变高；当火车远离而去时，你又会听到声调变得低沉；而听到静止的火车鸣笛时，则声调不变。这说明声波的频率（声调的高低）会因波源与观察者之间的相对运动而改变，这种现象就叫作多普勒效应。雷达发出的超高频电磁波也具有这种性质，利用电磁波的多普勒效应，人们就可以测量出目标是向着雷达站运动还是背着雷达站运动，并且可以计算出其速度的大小。

按辐射电磁波的类型及其功能的不同，雷达可分为多种类型，不同类型的雷达有着不同的用途。对此我们简单介绍如下：

圆锥扫描雷达。这种雷达的天线为特殊形状，它转动时在辐射空间形成一个圆锥形的覆盖区。这种雷达整体结构简单，主要用于测量目标角位置和角度的自动跟踪，曾广泛地用于高射炮火的控制。它的缺点是只能跟踪较慢的目标，同时也有一定的误差。

单脉冲雷达。它只需发射一个电磁波脉冲信号，就能实现对目标角度的定位和自动跟踪。它的优点是精确度高，抗干扰能力强。缺点是结构复杂，使用起来有所不便。

三坐标雷达。它可以在几个方面同时确定目标的位置，主要用于空中警戒方面。这种雷达对电磁波的波束形式要求严格，必须有多路接收装置，所以结构自然也就比较复杂了。

合成孔径雷达。它利用运载工具的有规律运动，依次在不同位置上发射相干的电磁波脉冲信号，然后对一连串回波信号进行处理并合成，所得结果分辨率高，适合于在高空飞机和卫星上使用。它的缺点是发射功率较小，对信号噪声比要求高。

相控阵雷达。它由很多个辐射单元在空间排列构成，通过技术上的特殊处理，能实现辐射电磁波束的空间扫描。能灵活地实现同时对多批量、多目标的搜索和跟踪，它主要用于警戒和跟踪。其优点是探测速度快，抗干扰能力强，功能多，测量距离远，可以达3700千米。因此它的用途非常广泛，被称为雷达家族中的"骄子"。它的缺点是结构复杂，造价高，设备庞大而难以隐蔽。虽然这样，但由于它的优点特别突出，目前仍是雷达技术发展的一个重要方向。

按雷达所在的位置来分，有地面防空雷达，用于警戒敌方侵袭；机载雷达，它能搜索地面防空雷达所看不到的目标，而且不易遭到敌方袭击；舰载雷达，它的个头虽小，但"能力"很强，被称为"特种雷达"。此外，还有专门为天气预报服务的气象雷达等等。

以上这些雷达的性能和特点，都是用控制天线电磁波束的空间扫描运动得到的。因此，掌握电磁波的辐射特性和有关的规律，是了解雷达特定功能进而使用雷达为人类服务的关键。

● 雷达克星——反辐射导弹

前面已经说过，在现代战争中雷达的作用是非常重要的，在敌机到来之前，利用雷达辐射的电磁波就可以捕捉到飞机的踪影，提前对它进行攻击。只要对方的炮弹一出炮膛，雷达就可以根据炮弹的飞行路线计算出对方炮阵地所在的位置，不等第二发炮弹射出，就可以摧毁对方的炮阵地。因此，雷达在战斗中起着"千里眼、顺风耳"的作用。

为了更好地隐蔽自己，以便保证取得战争的胜利，各国都在争先研制对付雷达的有效办法。在第二次世界大战期间，汉堡大空袭就是一例。当时英国使用了"扬沙迷眼"的战术，利用金属箔片干扰敌方雷达的正常工作，使德军找不到侦察的目标，反而自己乱作了一团。

六神无主的"百舌鸟"

在20世纪60年代，美国军队入侵了越南。在开始阶段，美军的飞机经常被越南的防空火力击落，美军采用了多种方式打击越南的防空火力据点，但都无济于事。这是因为美军的飞机一出现，便被越南的雷达所发现，于是便先发制人，提前攻击了美军的飞机，造成了美军飞机的很大伤亡。当美军了解到这一情况以后，便不惜血本把刚研制成功的世界上第一种对付防空雷达的反辐射导弹"百舌鸟"投入了战场，结果取得了成功，这些"百舌鸟"把越南的许多雷达都"啄瞎"了。越南的雷达"瞎"了，就好像"千里眼"没有了眼睛，"顺风耳"没有了耳朵，什么也发现不了，美军的飞机便可无忧无虑地进攻越南了。

这种"百舌鸟"反辐射导弹虽然有一定的威力，但也有它的缺点，主要是在设计原理上针对雷达的型号不同，发射的电磁波信号也不同。事实上，"百舌鸟"的弹头前面有13种可替换的导引头。一种导引头对付一种型号的雷达，一旦对方的雷达型号变了，"百舌鸟"的导引头就得改变，这就增大了作战的难度。另外，如果对方的雷达关了机，这些"百舌鸟"就像没有了眼睛的鸟一样，乱飞乱碰，结果还是找不到目标。因此，在越南战争后期，越军抓住这些破绽，使用不同型号的雷达组成了防空网，使"百舌鸟"难以捕捉到目标，尤其是当雷达发射的电磁波信号可以随时改变时，"百舌鸟"更是六神无主，不知东南西北地疲于奔命。

大显神通的"标准"

为了解决这种对"百舌鸟"极为不利的情况，美军又研制出了第二代反辐射导弹"标准"。这种"标准"与"百舌鸟"相比，性能提高了很多，它仅用两种导引头便可对付所有型号的雷达。而且它还装有具有记忆功能的装置，即使对方的雷达关机了，"标准"还能记着它的位置，仍能找到雷达，这就大大提高了它的攻击能力。在第五次中东战争中，

以色列利用"标准"导弹和电子干扰器相结合，一举摧毁了叙利亚布置在贝卡各地的雷达网。接着以色列的飞机如入无人之境，仅用6分钟就消灭了19个防空导弹营，而以色列的飞机却一点损失都没有，这次"标准"可以说是大显神通了。

百发百中的"哈姆"

很快美国又研制出了第三代反辐射导弹"哈姆"。它只用一个导引头便可对付所有型号的防空雷达，而且还可以自动改变导引头性能来对付以后可能出现的各种防空雷达。"哈姆"不是发现雷达就不管"三七二十一"地乱炸一通，而是先仔细地辨认一番，专找那些厉害的雷达先打，提高了打击的力度。而且它还采用了无烟发动机，不容易被发现。1986年，美军空袭利比亚时，使用了"哈姆"攻击利比亚的雷达，说打哪就打哪，百发百中。在20世纪90年代的海湾战争中，美军使用"哈姆"和英军使用的"阿拉姆"一起，使伊拉克的绝大部分防空雷达遭受厄运，而以美国为首的多国部队的飞机却很少被击落，创造了世界战争史上的奇迹。

在第三代反辐射导弹中，美国的"哈姆"和英国的"阿拉姆"性能类似，它们都可以直接攻击雷达，也可以用伞降的方式攻击雷达。伞降攻击就和跳伞运动员差不多，当对方的雷达已经关机而导弹不能直接攻击时，这时发射出的导弹先爬高到预先选定的地区高空，然后熄灭，与此同时打开降落伞，慢慢地下落寻找目标。当发现目标后，便扔掉降落伞，沿着一个斜坡式的路线向目标攻击，这样它便具有更强的隐蔽性和突然性，使被攻击者产生一种"导弹从天而降"的感觉，让雷达防不胜防。

今后，反辐射导弹的发展将从单一的空中对地面，发展为空中对空中、空中对舰艇、地面对空中、地面对地面等，而且杀伤能力和抗干扰能力将会更强，飞行的距离也会更远。反辐射导弹将在未来的战争中发挥更大的作用。

● 空中舵手——制导

看过《大闹天宫》的人，一定对孙悟空大战二郎神的场面记忆犹新！孙悟空的金箍棒和二郎神的三尖两刃刀都能远离主人，自己在空中打斗，好像它们都长上了眼睛。在古代，这种神奇的场面只能出现在神话传说中。随着时代的前进和科学技术的发展，人们已经将神话变成了现实，这就是现代战争中制导技术的出现和制导武器的问世。

制导技术就是用电磁波信号对远程高速运动物体的运动方向进行控制和导引技术的简称。

制导技术最先应用于炸弹上，装有制导装置的炸弹，作制导炸弹。它与普通炸弹相比，具有很多独特的优点：其一，轰炸精度高，与普通炸弹相比，轰炸精度提高了十多倍；其二，直接命中目标率高，有的实战命中率可高达80%以上。

制导技术的进一步应用是在现代导弹技术上。1944年6月13日，一架不明国籍的"飞机"撞入英国伦敦，发出一阵猛烈的爆炸声后，楼房倒塌很多，市民死亡无数。这是什么"飞机"呢？英国空军经过侦察，终于发现：它是一种外形很像飞机，无人驾驶、能自控飞行和导向目标的新型秘密武器。这就是世界上第一枚制导导弹，即纳粹德国于1942年研制成功的V—I型导弹。

那么，人们是如何使武器达到制导效果的呢？具体的办法很多，比如，有雷达制导、红外制导、电视制导、激光制导等等。相比之下，激光制导的优点更多一些，它在制导技术中占据着主导地位。有的制导武器采用高精度制导系统，直接命中率很高，我们称其为精确制导武器。已经投入使用和正在研制的激光制导武器有激光制导炸弹、空对地导弹、空对地反坦克导弹、火箭弹、防低空导弹等，这些都属于精确制导武器系列。下面我们以激光制导为例，扼要介绍一下

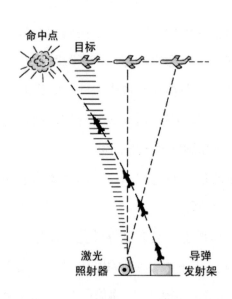

激光波束制导示意图

精确制导的原理和方法。

激光制导，通俗地说就是利用激光来控制导弹的飞行并导向目标。具体有三种方式：激光波束制导、半主动式激光制导、全主动式激光制导。

激光波束制导，是由激光照射器发射激光束对准并跟踪目标，导弹在飞向目标的过程中始终保持在激光束中心。如果导弹偏离了这个中心，安装在弹体尾部的激光接收器便会发出偏差信号，然后通过控制系统来纠正弹道偏差。这种制导方式要求激光束和导弹发射方向严格配合，技术难度较大，但整个系统小巧轻便，适合单兵使用。这是目前研制较成功的一种制导方式，主要用于防低空导弹。

半主动式激光制导，是利用装在地面或飞机上的激光照射器，向目标发射激光束（指示目标），目标表面反射的激光信号由安装在弹体头部的目标寻的器（即激光接收器）接收，然后通过控制系统将导弹或弹丸引向目标。这种制导方式多用于对付地面目标的激光制导系统中，如激光制导炸弹、空对地导弹、空对地反坦克导弹、激光制导炮弹等等。半主动式激光制导方式的机动性和灵活性都比较大，它也是目前研制较成功的一种激光制导方式。

全主动式激光制导，是将激光照射器和目标寻的器都装在弹上。由激光照射器向目标发射激光，目标寻的器接收目标反射回来的激光信号，再通过弹上的控制系统将导弹引向目标。这是一种比较理想的制导方式，特别适用于末制导，

但目前发展尚不成熟。

以上三种激光制导方式，它们共同的优点是：命中精度高、抗干扰能力强、结构简单、成本低。未来战术武器都将沿着普遍采用精确制导的方向发展，而激光制导由于具有上述优点，因此是一种非常有效的精确制导手段。原有的各种制导方式（光学制导、红外制导、无线电制导等）的近程武器，都可以辅之以或改换成激光制导。

先进的制导武器是取得战争胜利的一个重要条件。1991年海湾战争中，美国"爱国者"导弹成功地拦截并摧毁伊拉克的"飞毛腿"导弹就是一个典型的例子。"爱国者"导弹是美国地空导弹的第四代，1980年服役，海湾战争中首次实战应用。它的制导体制先进，采用了指令与半主动寻的复合制导方法，提高了制导精度和抗干扰能力，同时又有一个先进的预警和引导系统，实战中单发命中率在90％以上。而伊拉克的"飞毛腿"则是苏联20世纪60年代研制的第二代出口型地对地中程技术导弹，制导及其他技术都比"爱国者"落后了整整两代，而且抗

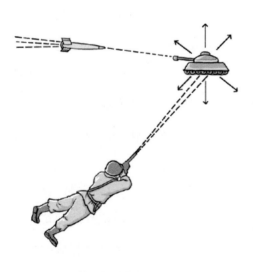

半主动式激光制导示意图

干扰能力差，体积大，速度慢。因此，虽然伊拉克先后发射了80多枚"飞毛腿"导弹，但有60多枚被"爱国者"导弹摧毁。最后伊拉克以失败告终自然也就在情理之中。

战争促进了制导武器的发展，而和平将在更大程度上促进制导武器的完善与更新。因为爱好和平的人们，要想制止战争也必须掌握现代化的精确制导武器。人类渴望和平，世界需要和平，但愿天下永远和平。

当今，制导技术的应用已不仅仅限于武器方面，一切空间技术都离不开对飞行器的制导。比如，人造卫星、宇宙飞船等等，都必须运用现代化的制导技术，才能使它们正常运行。人类已经实现了用制导雷达控制宇宙飞船在星球上完成着陆飞行，对人造卫星，不仅能控制它的发射和运行，而且还能回收。可以想象这是何等复杂的控制和导引技术呀！然而，如今都已经变成了现实。由此可见，电磁波被人类所掌握，就能发挥出神奇的威力！我们称"制导"是"空中舵手"，这是再恰当不过了。

● 特工战士——遥感

在古代神话中，齐天大圣孙悟空能知道遥远地方发生的事情。可是，你知道吗？在我们现实生活中也有这种神通广大的家伙，这就是遥感技术。什么是遥感技术呢？它就是不

直接与目标物接触而通过利用电磁波信号远距离感知目标及其性质和状态的一项新兴技术。

遥感技术于19世纪问世。早在1839年，人类就利用它获得了第一张照片，1858年法国人首次乘气球在巴黎上空进行了空中摄影实验，到1903年发明了飞机之后，航空摄影迅速地发展起来。1957年第一颗人造卫星升空时，人们把遥感装置装在了卫星上，开始出现了从宇宙空间进行无线电侦察和探测的方法，从此遥感技术进入了实用阶段，成为一种综合性的探测技术。美国战略通信卫星就是通过现代化的无线电仪器设备，来感知远方军事目标真相的。到20世纪60年代以后，遥感技术又应用到了国民经济的各个部门，如农林、水文、地质、海洋、测绘、环境保护、工程建设等许多方面。1972年美国发射了第一颗地球资源卫星，人们通过电磁波手段，首次完整地看清了地球的全貌，获得了极其丰富的地物资料。随着空间技术的发展，人类通过遥感技术从宇宙中得到了很多宝贵的资料。这说明人类通过遥感技术对未知领域的勘测和探索，进入了一个新的阶段。

我们所说的遥感技术的原理是怎么回事呢？大家知道，地球上所有的物体都能辐射电磁波，通过遥感器接收来自物体的电磁波，再通过光学和电子技术处理后，从中了解物体的状态和性质，进而获取有关的信息。

遥感系统是一个团结的集体，成员有：遥感器、遥感平台、信息传输设备和信息处理设备。其中最重要的是遥感器，它的主要任务是感受来自目标的电磁波信息，通常由高分辨率照相机、电视摄像机、多光谱扫描仪等担任。遥感平台是用来安装遥感器的。信息传输设备是完成遥感平台与地面物体之间信息传递工作的。信息处理设备是对所接收到的信息进行处理的地方，主要有图像处理设备、彩色合成仪和电子计算机等。

遥感系统这个大家族是可以分类的。按遥感器载体不同可分为：地面遥感、航空遥感、航天遥感；按工作原理不同可分为：主动遥感和被动遥感；按摇感方式不同可分为：可见光遥感、红外遥感、紫外遥感、微波遥感等。无论怎样分类，每一类遥感系统在捕获远方信息方面，都具有很大的威力，特别是航天遥感技术更是占尽风光，很多国家的军事情报都是通过航天遥感技术获取的。到20世纪80年代中期，世界各国共发射了3000多颗人造卫星，其中70％以上直接或间接地应用在军事上，上面装有各种遥感器，能对地面环境进行连续不断的侦察和监视。可见光遥感分辨率很高，可以清楚地了解到地面上的物体；红外遥感可昼夜工作并能识别地面上的伪装物；多光谱遥感更是优越，它同时具有可见光遥感和红外遥感的全部优点；微波遥感分辨率更高，它能穿过云雾、植被和地表，在从侦察卫星上获得的照片中，能够清楚地看出机场跑道、滑行中的飞机、导弹发射架等军事目标，还能区分坦克和车辆的类型。概括起来说，它们的共同优点是：侦察范围广，不受地理条件的限制，发现目标迅速

准确等。大家看，遥感的本领是不是很了不起啊！

其实，遥感所能做的工作还有很多。比如，遥感技术应用于武器制导上，可以大幅度提高命中精度。遥感技术应用于探测来袭的战略弹道导弹，能够提供25分钟的预警时间。遥感技术应用于军事侦察和军事测绘，能够减少飞机和舰艇的导航误差，从而提高作战效果。遥感技术应用于地质方面，可以进行全球性地质现象的研究，有利于寻找新的矿物资源，还可以对地震、火山等情况进行预报，还能对沙土移动以及河口演变等提供详细的资料。遥感技术应用于海洋水文方面，能为寻找地下水提供线索，还可以测量海水的深浅，为发展海洋事业提供依据。遥感技术应用于农林方面，可以进行大面积农情调查，掌握灌溉、排涝、施肥、除虫的时机，以便采取相应的措施，还可以估算森林资源，测量土质和牧草情况，为发展农牧业创造条件。遥感技术应用于环境监测方面，可以观察大气污染情况，帮助寻找污染源，检查植被的损坏情况等，以便更好地采取措施，保护生态环境。

事实上，通过遥感技术所获得的不同信息往往是重叠在一起的。这就必须研究目标的电磁特性，掌握电磁波与地、物作用的一般规律，才能从遥感图像上准确地获得更多有用的资料。

今后，遥感技术的发展趋势是：从被动遥感向被动遥感与主动遥感相结合的方向发展；从单一电磁波遥感向多波种相结合的遥感方向发展；从半天候遥感向全天候遥感方向发展；从定性遥感向定量遥感的方向发展。随着时间的推移，伴随着科学的不断进步和深入发展，遥感技术将变得越来越不同凡响！

● 化装大师——红外伪装

红外伪装也叫红外隐身技术，它是红外技术在军事上应用的一个重要方面。随着高新技术在侦察、监视和制导等领域日益广泛的应用，用光电、红外、遥感等高新技术改进和制造出来的侦察、监视器和制导武器，具有克服不良天气及恶劣自然环境影响的能力。因此，侦察的精度和打击的命中率越来越高。如今，有的侦察卫星在距地球约1000千米的高度，对地面目标的分辨率可达到0.15～0.3米。不仅能够识别舰船、车辆、人员等目标，还能够透过云雾和暗夜，探测到隐蔽在植被深处，甚至覆盖厚达数十米深处的目标。精确制导武器不仅能够在耸立如林的高层建筑中击中目标，而且还能在空中截击导弹。

所以，无论是空中目标，如飞机、导弹、卫星等，还是地面目标，如电站、战车、指挥部等，都需要有效地隐蔽自己，保存实力，这就促进了红外伪装技术的飞速发展。红外伪装技术即红外隐身技术，其基本原理是抑制物体的红外线辐射或改变目标的热形状，从而达到物体与背景的红外线辐射的不可区分，进而实现"隐蔽"自身的目的。

红外技术是一项新兴的光学技术。红外系统与雷达系统相比，分辨率更高，隐蔽性更好，抗干扰能力更强。它与可见光系统相比，具有能识别伪装，可昼夜工作，受天气影响小等优点。因此，红外技术得到了广泛的应用，特别是在军事方面，红外技术越来越引起了各个国家的重视。

红外伪装的方法有：红外遮蔽技术、红外融合技术、红外变形技术、红外假目标技术等。

红外遮蔽技术

遮蔽就是采用一些屏蔽手段把物体的红外辐射屏蔽起来，使传感器收不到目标物体的信号，或使接收到的信号大为减弱。常采用的遮蔽手段有：红外遮障、红外烟幕、红外涂料。

红外遮障的结构由隔热毯和伪装网两部分组成。隔热毯在内层，比伪装网要厚一些，它起隔热作用。伪装网在外层，起热分割、热变形作用。比如，一辆坦克红外伪装后，其辐射出的红外线和它周围大地辐射的红外线差不多，从而起到了伪装作用。

红外烟幕是一种可以快速伪装的伪装器材，其关键部分是红外烟幕剂，在这种烟幕剂中含有有效地遮蔽红外线辐射的物质。在海湾战争中，美军轰炸伊拉克地面目标时，由于伊军点燃了许多油井，造成了某些目标区浓烟滚滚，使美军飞行员发现不了目标，无法发射红外制导导弹，结果美军只好未发一弹，飞机携弹返回。

　　红外涂料技术主要是用来降低、改变物体自身的电磁辐射特性，使之与背景的电磁辐射相适应。涂料涂在物体上可以起到对物体辐射出来的红外线的反射作用。可以使热像仪所得的热像模糊不清或与背景热辐射图像接近，使其辨别不清是什么目标或是否有目标存在。美军研制成的F—117A隐形战斗机，就选用了红外隐形涂料，它在海湾战争中取得了突出成绩，达到了"隐形"的目的。

红外融合技术

　　反红外侦察的融合技术，一般就是通过适当的方式，把红外目标打扮一番，使其与背景具有相同的外观特征，使热红外目标完全融合在背景之中，从而不容易被侦察到，达到隐蔽的目的。

　　第一种方法是红外干扰"气箔"。这种气箔可使坦克发动机等热红外目标所辐射出的热红外线，在较大的区域内消散掉，进而降低目标的表面温度，使其基本上接近于背景的温度，使目标融合于背景之中，红外探测器就很难从背景中将目标辨认出来。这样就可以防止热寻的导弹对坦克等目标的跟踪，降低导弹对目标的射击命中率。

　　第二种方法是目标模拟器。这种器材可显示出各种不同类型目标的热辐射特性。大面积设置这种器材和材料，便能把真目标淹没在这种"背景"之中，起到迷惑对方的作用。

红外变形技术

　　红外变形技术就是使红外探测仪探测到的物体并非

是真实物体的技术。它遮蔽了物体原有的特性，使识别产生了错误。

红外假目标技术

制造假目标可以分散敌方火力，转移对真目标的注意力。红外假目标必须具有与真目标一致的红外辐射特征，不但外形要像真目标，而且内部要配置热源，使假目标的外表具有与真目标相接近的温度。

在1991年海湾战争一开始，以美国为首的多国部队就猛烈轰炸伊拉克，企图一举摧毁萨达姆的指挥中心、空军基地、机场、导弹发射架、核生化设施等重要地方。多国部队出动作战飞机10万多架次，发射和投掷导弹、炸弹的吨位总数，超过了朝鲜战争三年的总和。但事态的发展却出乎了多国部队的意料。伊拉克仍在一个劲儿地发射"飞毛腿"导弹，700多架飞机绝大部分仍然隐藏着，一半以上机动导弹发射基地和导弹发射架仍然完好。

伊拉克究竟用什么办法顶住了以美国为首的多国部队的猛烈轰炸，使美军感到头疼呢？一个主要原因就是萨达姆成功地运用了欺骗战术，大设假目标。据报道，多国部队轰炸的目标80%以上都是假的，伊拉克拥有大量假坦克、假飞机以及完全用胶合板、纸板和塑料建成的空军基地。这些假目标上安有无线电发射器和热源，其发射的电信号及表面温度都和真目标相同。以此办法迷惑了美国的空军，使他们真假难辨，浪费了大量炸弹，造成巨大损失。

1973年第四次中东战争中，埃及军队使用了大量涂有反雷达和对付红外侦察涂料的伪装网，加上巧妙的战术示假，使几个军的兵力在以色列人的眼皮底下集结成功。

在高新技术迅速发展的今天，各种现代化武器和新的作战样式大量涌现，军事探测器越来越发达，分辨识别能力越来越强。这就意味着凡是暴露的目标，一般说来都可以被侦察到，凡是被侦察到的目标，一般说来都可以被摧毁。在这种情况下，如何保存战场上的有生力量就显得特别的重要。

红外伪装技术是伪装领域中的新课题，是未来高技术战争中伪装作战的重要手段。在各国军事科学家们的努力下，在不远的将来，它将给军事伪装技术的发展带来新的飞跃！

● 黑暗中的眼睛——夜视

在以往的战争中，一提起夜间观察，大家很自然会想到比较熟悉的观察方法，比如用火把、照明弹、探照灯等等，其中照明弹、探照灯至今仍是在夜间用来观察的重要手段。但这些方法最大的缺点是容易暴露自己，这对取得作战胜利是很不利的。于是人们便想方设法研制一种即使在夜黑条件下也能观察敌情，又不被敌人所发现的观察手段，把"光明"给予自己，把黑暗让给敌人，这种手段就是夜视技术。

什么是夜视呢？前面我们介绍了红外伪装，知道它是

在白天通过使用电磁波，巧妙地隐蔽自己而不被敌方所探察到。这里介绍的夜视则是指在夜间利用夜黑条件隐蔽自己，同时又通过使用电磁波的方法，巧妙地去探察敌人，进而去打击敌人。

在这一部分里，我们就对夜视技术的基本情况做一些简单的介绍。

大家都知道，在夜暗环境中仍存在少量的自然光，如月光、星光等等，由于它们和太阳光比起来十分微弱，所以把它们叫作微光。在夜间微光条件下，由于光照度不够，因人类生理条件的限制，一般是无法观察到景物的。

在夜暗环境中，除了存在微光以外，还有大量的红外线。什么是红外线呢？红外线是电磁波的一种，它的波长比人们看到的红光波长还要长，人眼是看不到它的。科学家们研究发现，世界上一切物体每时每刻都在向外发射红外线，所以不论白天、黑夜，在空间都充满了红外线，而红外线不论强弱又都不能引起人们视觉的反应。

红外线和微光的存在，启发人们通过两个途径对它们加以利用：一是将红外线转换成可见光；二是将微光增强。通过这两个途径使人们在夜间低照度条件下进行观察的技术，就叫作夜视技术，人们将它称为"黑暗中的眼睛"。用夜视技术制成的各种夜视仪器，统称为夜视器材。

到目前为止，尽管夜视器材的品种繁多、用途各异，但都不外乎两大类型：微光夜视器材和红外夜视器材。无论哪一种类型的夜视器材，它们都是先把来自目标的人眼看不见的光（微光或红外线光）信号转换成电信号，然后再把电信号放大，并用它去推动发光体发出可见光，也就是把电信号转换成人眼看得见的信号。这种光—电—光的两次转换，乃是一切夜视器材实现夜间观察的共同途径。

夜视技术的发展和夜视器材的应用，给作战带来了很大的影响。比如，可以方便地进行夜间观察和侦察；还可以顺利地进行夜间驾驶和夜间的瞄准射击；指挥员可以十分隐蔽地查明敌情，有效地组织战斗。显然，这将有利于夜以继日地进行规模较大的战斗，甚至可以将通常的"拂晓攻击"改为入夜后任何有利时刻进行攻击，这当然有利于战争的胜利。

在1991年的海湾战争中，美军配备了先进的夜视器材，使他们在夜间的观察达到了"黄昏"甚至"拂晓"的水平。在夜黑条件下，通过夜视镜美军可以观察到1千米远处的目标。美军通过夜视器材，还发现了在白天不易被发现而隐蔽在沙漠中的军事设备和目标。美军对伊拉克的空袭多是在半夜后近凌晨时候开始的，夜视使他们达到了突袭的目的。海湾战争，70%是在夜间进行的，可见夜间已不再是作战的障碍，而是一个可以利用的条件了。

但是，不论哪一种夜视器材，都存在很多技术上的局限性，都还不能使人们在黑夜如同白天一样行动自如。其原因主要有以下几个方面：首先，各种夜视器材作用距离与观察效果，都受地形和地物的影响。其次，各种夜视器材作用

距离与观察效果，都程度不同地受天气条件的影响。再次，使用夜视器材观察时，一般都有个搜索过程，发现目标比较慢。最后，用夜视器材观察到的目标，图像比较模糊，难于分辨细节，不利于识别，而且不能区分色彩。随着科学技术的发展，夜视器材的研制必将会有新的进步，上述各种局限性也将会逐渐被克服，夜视器材必将会更加完善。

● 开发新能源的助手

人类生活和社会的发展离不开能源。当前，世界上消耗能源的90％左右来自石油、天然气、煤炭等不可再生的能源，用多少就少多少，最终会用完的。迄今为止，人类已消耗掉了世界煤炭储量的1／4，石油储量的1／3，使地球的矿物燃料日趋枯竭。为了今后的生存和发展，人类必须不断地探寻和开发新的能源。在此过程中，人们离不开对电磁波的研究和应用，在有的情况下，可以设法把电磁波所携带的能量直接转换成有用的能量供人们使用。比如，人们对太阳能的利用，就是典型的一例。

太阳是一个炽热的大火球，它每时每刻都通过辐射电磁波的形式，向外释放着巨大的能量。虽然太阳射向地球的电磁波所携带的能量只占太阳总辐射能量的二十二亿分之一，但这个数量已是2000年全世界耗电量的1万多倍。因此，太阳能的利用是十分吸引人的，它不仅取之不尽，用之不竭，而且没有公害，没有污染，被称为是"永恒的清洁能源"。

那么，到底怎样利用太阳能呢？各国科学家们一直在进行着探索。到目前为止，科学家们总结出两种方式：一种是直接把太阳的辐射热能集中起来加以利用，如太阳灶、太阳能取暖系统、太阳能热水器等等，这种方式研究比较成熟，早已广泛使用。另一种方式就是太阳能发电，也就是说把太阳辐射的电磁波所携带的能量，转换成为电能再加以利用，这种方式现正在研究之中，虽然尚不太成熟，但有着广阔的发展前景。

太阳能发电系统大致有两类：一类位于地面，另一类位于太空与地球同步的轨道上。地面太阳能发电站由庞大的太阳电池阵列构成，太阳能经过太阳电池转变成电能。但这种地面太阳能发电站有三大缺点：建站地点受气候条件的限制较大；不能日夜工作，因此效率低；易受天气变化的影响。卫星太阳能发电站在地球的同步轨道上收集太阳能，克服了地面太阳能发电站的缺点，不受气候的影响，可以全天工作，因此效率较高，有着广阔的发展前景。

卫星太阳能发电站系统的核心是太阳电池板和微波变电及输电线路。它位于地球同步轨道上，距离地球赤道表面大约35 800千米。它用微波射束将收集的太阳能传输到地球表面上的一个直径为10千米的接收天线，然后把微波能量再转变成电能，并入电网供使用。地面接收天线的有效输出功率可达5000兆瓦（MW）。

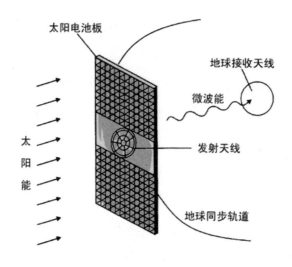

太阳电池板

地球接收天线

微波能

发射天线

太阳能

地球同步轨道

卫星太阳能发电站

卫星太阳能发电站的设想，是于1968年由美国格鲁门航空空间公司首次提出的，此后立刻得到了美国和其他国家的有关科学团体和政府部门的重视。在太空建立卫星太阳能发电站，预计分两步走：第一步，先用航天飞机或新式大推力火箭往返数百次，将数万吨器材和几百名工作人员运送到离地面500千米的低地轨道中继站建设基地，卫星电站在这里安装完毕；第二步，再由离子推进装置升入同步轨道。目前存在的主要问题是在环境方面，如运载火箭排出的尾气对大气层的污染；大功率的微波对地球接收站及其周围环境的电磁污染；大功率微波对无线电通信和雷达产生干扰，等等。

美国曾计划在1995～2000年，让卫星太阳能发电站升空并投入实际运行，但由于经费方面的原因未能实现，原计划只好延期。日本也非常重视开展这方面的研究工作，从政府到工业界和学术界，都在进行着积极的调查和研究。

　　未来，卫星太阳能发电站的预计发电成本，要比矿物燃料的发电站的成本还要低，因此，经济上是可行的，发展前景是乐观的。

　　下面再简单介绍一下原子核能的开发与利用。原子核能也是一种新型的能源，原子能发电也是人类和平利用原子核裂变反应能量最早的重要成果之一。当今，全世界已有数百座原子能发电站在运转，我国在秦山和大亚湾两个地方也建立了原子能发电站。原子能发电站的优点是经济、无污染。建立原子能发电站的一项重要技术是从天然铀矿中，将含量较少的U-235分离出来并将它浓缩，以达到使用上的要求。这是一项十分困难的事情，直到20世纪60年代激光出现以后，人们才找到了有效的解决办法，这就是用激光的方法将U-235分离出来，再用激光将它浓缩，使它达到实际使用上的要求。在这里，一种特殊形式的电磁波——激光，起到了关键性作用。此外，在核聚变等离子体的射频电磁波加热以及激光核聚变中，电磁波的理论和应用技术，都起到了极为重要的作用。由此可以看出，没有对电磁波的深入研究和激光技术的实际应用，也就不可能将原子能这种新的能源开发出来。因此，我们可以说电磁波的应用技术，是开发新能源的助手，这是很恰当的比喻。

● 人类生活的伙伴

　　电磁波将人类引进了电气化的新时代，随着电气化渗透到人们生活的各个领域，人们生活的品位也逐渐提高。在此过程中，电磁波越来越显示了它独特的魅力，它成了人类生活中不可缺少的好伙伴。

洁净有效的热源

　　早在19世纪，人们就发现变化的电磁场能引起变压器铁芯和介质材料发热。1914年法国人通过反复实验和研究认识到：变化频率太低将会使加热极不均匀，因此必须提高变化的频率，才能提高加热的效果。从20世纪30年代起，随着电子工业的发展，出现了高频功率管，利用高频电流产生的高频电磁场，成功地实现了对介质的高频加热。高频加热作为一门新的技术，在很多方面都获得了重要的应用。它的优点是加热速度快，加热效率高，加热均匀，便于控制，加热效果好。

　　在第二次世界大战期间，微波技术得到了迅速发展。很多国家都积极开发微波加热新技术。半个多世纪以来，微波加热技术在各个方面都获得了大量的应用。比如，粮食的烘干，蔬菜和水果的脱水，烟叶的复烤，卷烟的干燥，蚕茧的杀蛹与干燥，纺织品、纸张、皮革、药品以及食品等许多生活用品的干燥。再比如，在热熔化方面的应用：塑料的热合，焊接，食品解冻，熔化石腊等等。还有热机械作用方面的应用：高频和微波碎石，烟梗的微波膨胀，微波碎石混凝土，微波膨化食品等等。此外，家用微波炉也得到了广泛的应用。在微波化学处理方面，包括微波热处理、微波放电等离子体处理等方面，都有实际应用。使用电磁波加热可有效地减少污染，改善了环境，提高了效率。

激光实质上也是电磁波，直接利用激光频率的电磁波能量来打孔、切割、焊接、热处理等加工工艺应运而生，且显出了它强大的生命力。激光加工已成为新兴的"超级"加工技术。

电磁波中的红外加热，早已人人皆知了，这里不再提及了。

独特的生物效应

当电磁波为人类所掌握以后，很快就成了理疗方面的新军。由于不同波段的电磁波对人体的生物效应不同，所以治疗的病症也不同。短波理疗应用的电磁场频率范围是：3～30兆赫，常用10～15兆赫，主要效果是使组织生热，镇痛效果明显，有较强的抗炎、消肿作用，适用于对各种慢性炎症的治疗。短波透热作用深，可隔衣治疗，方法简单而安全。超短波理疗应用的频率范围是：30～300兆赫，适用于一切炎症的治疗，对急性炎症的疗效较为显著，它还是冻伤的一种特效疗法，并且对急性肾功能衰竭有良好的治疗作用，对初期高血压也有一定的治疗效果。微波理疗于1947年

正式用于临床，它使用的频率是：300～1000兆赫，微波使人体受热均匀，主要适应的病症是各类炎症，治疗突发性耳聋也有明显的效果。微波还是对癌症进行常规疗法的辅助工具，也常用于某些外科手术。微波还可以用于对肺气肿、肺水肿、组织损伤、肿瘤的诊断。

激光是一种特殊形式的电磁波，由于低频率氦氖激光对人体功能有调整和刺激作用，所以能增强代谢功能，并有消炎、止痛、止痒、消肿、加速伤口愈合等作用。因此，特别适用于对多种疾病的理疗。对早期癌症的治疗也有一定的效果。由于激光的能量集中，因此还常用于外科手术等。

电磁波用于农业上，主要是微波和激光对生物的热效应和非热效应，是农业上培育良种，杀死病菌、害虫和杂草的有力手段，也是食品保鲜与保存的有效途径。

需要提及的是，电磁波中的中波段以及红外线，也有一定的医疗效果和生物效应，在医疗上和农业上，也都有实际的应用。

测量技术的助手

利用电磁波可以对非电参量进行测量，其好处是：方便迅速、准确可靠、无毒害、无污染、成本低等。通常说的非电参量一般是指：报警、车速、温度、位移、厚度等等。其原理就是利用电磁波与物质的相互作用以及被测物体的热辐射性质，把被测的非电参量变换成电磁波信号，再通过一定的装置显示出来，就可以达到预定的目的。例如，红外线防盗报警器，是把红外线发射装置安放在一个地方，再把红外线接收装置安放在另一个地方，并使收、发装置的镜头对准，这时便有一束很细的红外线光束在其间传输，形成了一条警戒线，一旦光束被遮断，就会驱动报警器发出信号，从而实现报警的目的。

六、电磁波太空摆战场

"太空"就是我们通常说的"天外天",这是个无边无际的世界。在发现电磁波之前,人们对这个世界一无所知,只能靠主观想象编造出无数神话故事来描述这个世界的情况。在发现电磁波之后,人们开始应用电磁波向这个无限广阔的世界进军,不但揭示了许许多多的宇宙秘密,而且把战争的范围也大大地扩大了。大家都知道,随着社会的发展,战争的形式也在不断地发生着变化。在19世纪以前,战争主要是在陆地上进行,称为"陆战"。进入20世纪以后,逐渐发展到在海上和空中进行,称为"海战"和"空战",这就是通常所说的传统的"陆、海、空"三维战争模式。随着科学技术的发展,特别是把电磁波技术应用于战争之后,又出现了新的战争形式,这就是"电子战"和"天战",使传统的"陆、海、空"三维模式,发展成了"陆、海、空、电、天"五维作战模式。下面我们就对电子战和天战情况做一些描述,从中你可以进一步了解到电磁波的巨大威力。

● 没有硝烟的战争——第四维战场：电子战

电子战也叫电子对抗，它是指除传统的作战形式陆战、海战、空战以外的第四维战场。其实质就是交战双方利用电子设备和器材进行电磁波的斗争。主要表现在电子侦察与反侦察、电子干扰与反干扰、电子对抗与反对抗等方面。

看不见的战场——电子战

20世纪初，在军事上人们便开始了利用无线电通信，以保证作战指挥上的需要。紧接着，敌对双方彼此截获、破译和干扰无线电信号的通信悄然兴起，对抗斗争也随之产生，逐渐地拉开了电子战的序幕。

现在，无论是陆军、海军还是空军，其武器装备以及通信联络设备，都大量使用了电子设备和器材。在这种情况下，怎样设法侦察、干扰和压制敌方的电子设备，如何采取措施保护己方的电子设备免受侦察、干扰和压制，在现代战争中已是越来越重要的现实问题了。因此，电子战已引起了世界各国军事家们的关注。据报道，苏联军队曾认为，发展无线电电子器材和发展火箭核武器具有同样重要的意义。美军则认为，现在已进入了电子战时代，当前夺取和保持电磁优势，比第二次世界大战中夺取空中优势更为重要。由此可

见，电子战已经不是传统军事力量的一个补充，而是整个战争能力的有机组成部分，它已渗透到战争的各个方面。各国军事专家们普遍认为，今天的电子战已经成为与地面、海洋和空间作战相并列的"第四维"战场。1970年的中东战争和1982年的马岛战争等许多战例，都充分说明了电子战在现代战争中的作用。

自20世纪初逐渐拉开电子战的序幕之后，至今电子战的范围已日益扩大，已从地面、海上、空中逐渐扩展到宇宙空间。其中，有通信对抗、雷达对抗、兵器制导对抗等等。此外，还有声纳、红外、激光等光电技术领域的对抗。

1914年，第一次世界大战一开始，电子战这条看不见的战线便悄悄地展开了。据有关材料记载，1914年8月4日，德军入侵比利时，当天夜晚英国对德国宣战。在战斗打响以后，英国在地中海的"格罗斯塔"号巡洋舰上，突然发现两艘德国战舰——"格义班"号和"布瑞斯劳"号，于是及时用无线电向基地发出电磁波信号，要求增援。但狡猾的德军截获了这一信息，便施放电磁波信号进行干扰，破坏了英军"格罗斯塔"号巡洋舰和基地的联系，趁着夜色逃走了。这是海军作战史上较早的一次典型的电子战。

"月黑杀人夜"中的神秘电波束

第二次世界大战期间，在1940年11月14日夜晚，法西斯德国空军对英国大城市考文垂进行了夜间大轰炸。装备有特殊仪器的德国空军第100轰炸机联队，在伸手不见五指的夜空，准确地飞到了英国的纵深地带，在考文垂市的上空，投下了大量的燃烧弹，使市区多处发生大火灾。冲天的火光为后续的德国轰炸机群指示了投弹目标。紧接着，大约有400多架德国轰炸机，对这个城市进行了连续10多个小时的狂轰滥炸。使这个城市受到了极大的损失，考文垂市区的大部分都变成了一片瓦砾。

那么，当时德国空军第100轰炸机联队是凭着什么本事，能在漆黑的夜里准确无误地飞到考文垂市的上空的呢？

原来德军把这次大轰炸叫作"X式"轰炸。这种神奇的轰炸是在电磁波的指引下进行的，轰炸机在向目标飞行之前，首先要从德国空军基地向目标开辟一条没有阻碍的电子通道。如果飞机的航向始终同这条电磁波束相一致，飞行员便可从耳机中听到一种连续的声音；如果航向偏离了电波束，那连续声马上会变成断续的声音。在那个"月黑杀人夜"中，就是这条神秘的电波束，在起着微妙的导航作用。

当轰炸机接近目标时，上述那条电波束还要与另外三条电波束在不同的距离上交叉，呈现出"X"形。轰炸机遇到第一个电波束交叉点时，信号会自行告诉飞行员：目标接近，做好准备。在距离目标20千米的地方，飞行员会听到第二个电波束交叉点的信号。这时，飞行员立刻按动一下特制仪表上的按钮，使仪表上的指针开始移动。当距离目标5千米时，飞行员会听到第三个电波束交叉点的信号，然后再次按动仪表上的按钮，此时走着的指针停住了，另外一个指针

开始快速走动。当这个指针与前一个指针重合时，电路自动接通，炸弹立刻被投了下去。

这次轰炸任务是由电磁波束来引导并由掌握一定电磁波技术的飞行员与精密仪表的完美结合来完成的。这一次航空电子战给人们留下了深刻的印象。

但是不久，这种"X式"轰炸就被英国人识破了。他们以同样波长的电磁波，对德国军队进行电子干扰，弄得德国飞行员晕头转向。英军还用假火灾做诱饵，引透德军机群飞向荒野地带乱炸一通。从此，便挫败了德国军队的"X式"轰炸。

马岛战场上的"主旋律"

发生在1982年5月的英国与阿根廷之间的马岛之战，是第二次世界大战以来规模最大的现代化海空大战。交战双方围绕着侦察与反侦察、干扰与反干扰、制导与反制导，展开了激烈的电子战。现代化战舰被击沉，高性能战机被击落，密码被破译，通信受干扰，雷达遭摧毁等等，无一不是电子对抗的结果。"制电磁权"已经成为先于制海权和制空权的"战场制高点"，成为主宰现代海、空战的"主旋律"。英国"谢菲尔德"号驱逐舰在未加电子干扰的情况下，被阿根廷的"飞鱼"导弹击中而沉入大海。在此之后，英军广泛采取了电子干扰措施，并加强了对阿根廷军队的干扰。相比之下，由于阿根廷军队中电子对抗的器材较少，因此，最终遭到了失败。

电子对抗技术具有尖端性、群体性、动态性等特点。当前发展的趋势表现在以下几个方面：

首先，C^3I系统是自动化指挥系统的别名，是高技术战争中的中枢神经。因此，发展C^3I系统的对抗能力，是发展电子对抗技术的重点。

其次，隐形和反隐形技术是电子对抗技术发展的新领域。

再次，电子计算机病毒对抗是电子对抗技术发展的新课题。

最后，利用和发展传统电子对抗技术，是提高电子对抗能力的有效途径。

总之，电子对抗技术的新发展，最终以增强电子对抗的综合应用能力为目的。目前，各国都在朝着这个方向努力。

● 美电子间谍大曝光

第二次世界大战以后，美国为了军事和经济上的需要，大搞电子间谍活动。以美国为首，有英国、加拿大、澳大利亚、新西兰参加的五国集团，组建了全球最为庞大的电子监听系统——"梯队"间谍系统，对全球尤其是对欧盟的政治经济决策机构和商业贸易活动进行监听，以帮助美国公司在国际市场上竞争，直接损害了欧洲各国的商业贸易、政治利益及安全。

同时，从20世纪50年代开始，出于在军事上压倒苏联的需要，美国总统艾森豪威尔下令研究开发间谍卫星，即能够从太空拍摄地球的制图卫星系统。之后，美国的间谍卫星系

统迅速发展，建立起了一个强大的低轨道卫星集群，它的主要任务就是截收全球的通信信号、导弹发射信号和雷达波。现在，美国的间谍卫星已经在太空"晃悠"了50多年，把地球的每一个角落都仔细勘测了无数遍。对此，美国并不满足，特别是在"冷战"结束以后，美国陆续关闭了部分监视军用高频无线电通信的地面监听站，又把目标转向了商业领域，侦察对象既有东方国家也有西方国家，包括美国的亲密盟国也不放过。由于信息通信技术日新月异，美国出于独霸全球的战略，便在全球范围内开展了多渠道、全方位的电子间谍活动，庞大的电子间谍监听系统——"梯队"，便投入了紧张繁忙的工作之中。

这个庞大的电子间谍机构到底干了些什么勾当呢？在20世纪末，美国著名记者詹姆斯出版了《迷宫》一书，在书中詹姆斯首次披露了"梯队"电子监听系统的核心内幕。

"梯队"系统的核心部位设在美国西弗吉尼亚的舒格格罗夫山、华盛顿的亚基马以及英国的两个空军基地内。它们都由美国的国家安全局控制，这些地面站绝对对外保密。舒格格罗夫山地面站内大大小小的碟形天线负责截收国际通信卫星的信号，全世界134个国家通过国际通信卫星进行的电话、电报和计算机通信，都有可能被这个地面站截收。这个地面站里驻有美国空军和海军最绝密的电子情报搜集部门，即美国空军第544情报大队和海军安全大队。据1998～1999年版的《美国空军情报局年鉴》和有关内部资料透露，驻舒格格罗夫山的美国空军第544情报大队的任务是"加强对空军作战司令官和其他通信卫星情报用户的情报支援",这个大队下属的单位遍及美国海内外;海军安全大队的任务是"负责梯队系统的维护和运行"。设在华盛顿的亚基马地面站的任务是负责对所截获的电子情报进行分析、处理,然后上报美国的最高决策层。

美国的邻国加拿大是这个"梯队"的重要组成部分。设在利特里姆的"加拿大通信安全部"负责截收拉丁美洲上空各国通信卫星的信号。澳大利亚是"梯队"在太平洋地区的最重要的合作伙伴,其核心部分是其西海岸的格拉尔顿。自1993年投入使用后,格拉尔顿地面站有4个碟形卫星拦截天线,其侦察目标是在印度洋和太平洋上空轨道运行的国际通信卫星。负责拦截的情报包括:朝鲜经济、外交和军事形势,日本的贸易计划,巴基斯坦的核武器技术发展情况等。澳大利亚另一个监听站位于中北部海岸的肖尔湾,这个监听站有2个碟形天线,自1979年投入运行以来,一直负责监视印度尼西亚的通信卫星。

新西兰的监听站设在该国东海岸的怀霍帕伊,它于1989年投入运行,现由一幢情报处理大楼、一幢服务保障大楼和两个碟形天线组成。这个地面站极为森严,曾发生过多起外人因不明真相接近地面站而被拘禁或被打死的事件。

这些分布在上述5个国家的10余个绝密地面监听站,环环相扣,既有分工,又有合作,它们相互交流拦截情报的关

键字眼，从而确保能拦截下最重要的情报。

"梯队"系统的秘密被曝光之后，引起了国际社会的极大关注，许多国家都严厉斥责这一严重侵犯人权乃至违反国际公约的罪恶行径。欧洲一些国家为现代通信无密可保而担心，更为自己的隐私权遭到侵犯而愤怒。欧盟国家已开始对此事进行全方位的调查，调查的重点包括"梯队"电子监听系统是否大规模介入了针对欧盟商业贸易的间谍活动，欧盟总部的政治和经济决策机构是否遭到了"梯队"的全面监视等等。英国人也表示了同样的愤怒，英国网络权益和信息自由组织负责人雅曼警告说："发生在民主社会里的这种间谍行为如同逃出了瓶子的魔鬼一样可恶可怕！"德国人还呼吁欧盟各商业团体和机构"要迅速发展自己的技术和加密系统，防止美国打着全球安全威胁的名义，公然对我们进行间谍活动"。

美国《华盛顿邮报》也发表文章，抨击美国政府如此卑劣的间谍行为，对英国政府的做法也进行了严厉的斥责。澳大利亚和加拿大政府也遭受到了民众的巨大压力。

1999年10月，大西洋两岸的人权维护组织秘密发起了所谓的"干扰梯队日"活动。他们在一天的时间里，分别通过电脑输入了诸如"恐怖分子"、"公司绝密"之类的"梯队"系统专门识别的字眼，并发出大量的垃圾邮件，试图导致"梯队"系统负载过重而瘫痪。

这些事实表明，就是在和平时期，通过高科技手段进行电子战的事例也是常存在的。

在愤怒之余，人们开始反省目前高速发展的信息通信技术所带来的负面影响，正视所存在的严重弊端，开始考虑应采取的防范措施。有关专家指出，"梯队"系统其实并不完全像人们所担心的那么可怕，因为这套系统也有其致命的弱点：一方面，由于通信量与日俱增，"梯队"系统已经无法对每一个通信信号都进行捕捉，再加上该系统的计算机容量有限，所以对越来越多的通信信号不得不放弃监视；另一方面，这个系统对语言信号的识别技术，在短期内不可能改善，到目前为止，美英等最先进的情报机构也还没有研制出可以识别特定人物语言声音特征的计算机软件，所以"梯队"系统根本无法识别到底是谁在讲话。还有，相关技术的发展也大大限制了"梯队"系统的能力：一是光纤电缆的使用，通过空中传输的信号几乎都可能被截收，但通过光纤电缆传送的信号却无法被截获；二是加密技术的日臻完善，形成了一道严密的"防火墙"，使"梯队"望而生畏、无法越过。美国统占全球的梦想，最后必将以失败而告终。

● 计算机欺骗战术

计算机可以参加战争这是一件很稀奇的事，一般人也很难理解，但现在确实已经变成了现实。

2000年春天，以美国为首的北约违反国际有关公约，向南联盟进行了疯狂的空袭。在持续78天的战争中，以美国为首的北约先后调集了1000多架战机轮番轰炸，南联盟也使出了所有武器全力反抗。

战争结束后，美国声称只损失了2架战斗机。而南联盟方面则公开表示：共击落61架战斗机、30架无人驾驶机、7架直升机，拦截238枚巡航导弹。

他们两家谁说得对呢？下面的情况可以帮助我们进行判断。

南联盟坚持说打下上百架北约的飞机，但只公开播放了被击落的F-117A隐形战斗机的残骸录像。对此，南联盟领导人解释说，由于南联盟境内地形复杂、条件有限，许多被击落的飞机无法录像，但南军清楚地从雷达屏幕上看到许多北约飞机被击落。

而美国在国防部拿出的一份绝密报告中指出，在南联盟境内的科索沃战争期间，美国成功地用假目标迷惑了南联盟防空部队的雷达识别系统。计算机作为一种新式武器首次被投入战斗，并成功地欺骗了南联盟的雷达和防空导弹。研究发现，南联盟发射的导弹大多命中了目标，但这些"目标"都是假目标，原因在于美国的电子专家侵入了南联盟防空体系的计算机系统。当南联盟军官在雷达屏幕上发现有敌机目标时，天空中事实上却什么也没有。除了几架无人驾驶机之外，南联盟实际上只打下2架美国战机，一架是F-117A隐形战斗机，一架是F-16战斗机。在美军共出动的35 000架次飞机中，被打下来的飞机只有这2架。

美国的战略学家们将这种新型作战模式的出现视为"一次军事革命"，并认为，随着这一革命的深入发展，战争将可能不再依靠使用炸药和炸弹来决定胜负。目前，这种新型的"计算机战争"的各项准备工作正在迅速进行，而这些工作的进行主要取决于计算机的硬件和软件的发展水平。专门研究这种"计算机战争"的美国中央情报局和国家安全局，都得到美军各兵种和联邦调查局的大力支持。

几年前，还没有人认真对待这种新型的"计算机战争"，但是现在美国有成千上万的专家在研制数据武器、受到信息攻击后的早期预警系统以及防御系统。美国从事军事秘密情报报道的记者约翰·亚当斯在其最新出版的新书《下一次世界大战》中明确提出：下一场世界大战将是"计算机战争"。这种新型的战争主要标志是"计算机成为武器"和"战场无处不在"。

亚当斯在他的书中还披露：作为当今世界上唯一的军事超级大国，美国经常通过模拟演习和军事演习来检测信息战的威力，企图在未来的"计算机战争"中，掌握主动权。美国的这些做法，早已引起了各国军事专家们的密切关注。

● 航天时代

一提起航天，人们就自然而然地想到那个遥远的神秘莫测的星空。其实，星空并不神秘，这个远离人间的未知区域，已逐渐开始被人类所认识。无论是古代的神话传说、近代的科学幻想，还是现代的科学探索，无一例外地总是以人为主题的。由于载人到太空中飞行最能激发人们的想象，也最能体现人类的智慧和奋斗精神，因此在20世纪初，众多火箭先驱者都将载人太空飞行作为最终的努力方向。就是在战争年代，不少专家们还在探讨载人登月这个新的课题。

到了20世纪50年代和60年代，运载火箭有了发展，人造卫星飞上了天，高空生物实验取得了成功，这就促使载人航天技术很快发展成熟。

第一个宇宙飞船是苏联研制成功的"东方1号"。它由两部分组成，上端是球形乘员舱，乘员舱外部有两根遥控天线和顶端安装的通信天线，通信天线下端是一个小型通信电子设备舱。乘员舱侧旁有一个观察窗和一个弹射窗，内部除装有生命保障物品及食物外，还有一台电视摄像机，一个光学定向装置，一个宇航员观察装置和宇航员应答装置。宇航员按照设计一直躺在弹射座椅上，生命保障系统可供宇航员

航天飞机正在施放卫星

生存10昼夜。"东方1号"飞船下端是仪器舱。紧靠宇航员舱外有18个球形的高压氮气和氧气瓶，用以为宇航员提供类似地面的大气环境。飞船的回收工作具有一定的冒险性，为了使第一个苏联载人飞船的宇航员能返回到苏联领土上，最后决定不回收舱体，只回收宇航员，即在返回舱离地面1万米左右时，连同座椅一道弹射出去，并用降落伞将宇航员收回。

1961年4月12日，莫斯科时间上午9时零7分，一枚"东方号"运载火箭将加加林乘坐的载人飞船"东方1号"发射升空。这是人类第一次在太空中飞行，标志着航天技术进入了一个新阶段。显然由于着陆过程比较复杂，最后宇航员加加林的落地点与预计点相差甚远，但这次成功的飞行仍然具

有极其伟大的意义。它实现了人类千万年以来登天飞行的理想，把20世纪初伟大的航天先驱者的梦想变成了现实，是人类探索宇宙秘密的新的起点。

从1973年开始，美国航天飞机的研制工作开始全面铺开。1979年3月21日，哥伦比亚号航天飞机完成装配，由波音747空运到肯尼迪航天中心。但由于出现了故障，没有能按时发射。

1981年4月12日，正好是加加林首次进入太空20周年纪念日。在这一天，"哥伦比亚号"航天飞机发射升空，它历时54小时23分，绕地球36圈，在加利福尼亚州的爱德华兹空军基地降落。大约有100万人观看了这次发射，包括英国女王伊丽莎白二世和首次登月的阿姆斯特朗。

1981年11月12～14日，"哥伦比亚号"进行了第二次轨道飞行。它在太空进行了地球矿藏探测、太空污染测量、植物生长等科学实验活动。

1992年6月25日至7月9日，在航天飞机第48次飞行中，"哥伦比亚号"创下了航天飞机飞行14天的纪录，首次达到了设计的最长时间指标。"哥伦比亚号"航天飞机，真是"永葆青春"。

航天飞行已开始带领我们去探索茫茫的宇宙，帮助我们去揭开宇宙新的奥秘。无边无际的宇宙空间正等待着我们人类去遨游！

● 争夺太空的尖端武器——军用航天器

1957年，苏联发射了第一颗人造地球卫星，动摇了第二次世界大战后居于霸主地位的美国在科技领域中的领先地位。此后，苏联又首次发射了载人宇宙飞船，实现了宇宙飞船在太空对接，登上了月球等等。众所周知，美国对此是持敌对的态度。为了维护其霸主地位，继续称霸世界，美国和苏联在宇宙空间展开了激烈的竞争。时至今日，虽然苏联已经解体，但是多元化的世界仍然动荡不安。各国军用航天器在太空这个更为广阔的"战场"上，进行着更为激烈的较量，太空争夺战时刻都在进行着。

那么，到底什么是军用航天器呢？军用航天器是指在地球大气层以外，沿一定轨道运行，应用于军事领域的各类飞行器的总称。其中，包括各种类型的军用卫星、航天飞机、航天站等。此外还有环绕月球和在行星际空间运行的航天器材，如月球探测器、月球载人飞船和其他行星际探测器等。

军用航天器大多数以一种像圆一样的轨道绕着地球飞行，不过它距离地球的远近随其具体任务的不同而不同。例如，军用侦察卫星要求低轨道运行；而军用通信卫星则要求高轨道运行，这样就保证有较大面积的通信覆盖面积。

随着军用航天器的出现和使用，太空也成了战场，美国和苏联都配备了太空部队。电视里看到的《星球大战》将不再是科幻动画片，不久将成为现实。

太空侦察员——军用侦察卫星

当前，搜集军事情报的手段很多，其中应用最广泛的要算军用侦察卫星了。据统计，在人类发射的全部卫星中，军用卫星大约占2／3以上；而军用侦察卫星又占军用卫星的2／3以上。

为什么军用侦察卫星如此受到人们的重视呢？这主要有三个方面的原因：第一，军用侦察卫星受到的地球引力就可作为它环绕地球运转的向心力，无需其他能源，这是一般侦察仪器所不能比拟的；第二，军用侦察卫星运行速度快，若按7.9千米/秒的第一宇宙速度计算，它的速度是火车的几百倍，是现代超音速飞机的20倍，一个半小时就可以绕地球运行半圈；第三，军用侦察卫星居高临下，侦察范围广，在同样的视角下，卫星所观察到的地面面积是飞机的几万倍。此外还有，卫星的运行高山挡不住，大海隔不断，风雨无阻，又无超越国界等问题。

军用侦察卫星大体上可分为五类：照相侦察卫星，电子侦察卫星，导弹预警卫星，海洋监视卫星和核爆炸探测卫星。

照相侦察卫星发展最早，数量也最多，技术也最为成熟。照相侦察卫星是以可见光照相机和红外照相机作为遥感的手段。可见光照相机的分辨率高；红外照相机可揭露伪装，照相真实。此外，还有便于识别目标的多光谱照相系统和不受天气影响的微波照相系统。利用卫星对我国全境照相，只需拍500多张照片，用几天时间就行了；若用高空飞机对我国全境照相，需要拍100多万张照片，得花费10年时间。由此可见，通过电磁波手段利用照相卫星进行侦察具有很大的优越性。它的缺点是只能沿预定的轨道飞行，难以根据需要改变运行路径去跟踪目标，因此获得的情报是不连续的，照片回收技术也比较复杂。

电子侦察卫星是利用电磁波信号进行侦察，卫星上装有侦察接收机和磁带记录器。卫星飞经目标上空时，将各种频率的无线电电磁信号记录在磁带上，当卫星飞行自己一方上空时，回收磁带将信息传回地面。这种卫星可以侦察敌方防空和反弹道导弹雷达的位置、使用的频率等性能参数，从而为自己一方的战略轰炸机和弹道导弹的突防与实施电子干扰提供依据。电子侦察卫星还可以探测敌方军用电台的位置，窃听其通信。电子侦察卫星的缺点是：地面无信号时，它就无法侦察敌情；地面的雷达电台或电子信号过多时，又难以识别有用的信号，因而易受假信号的欺骗和干扰。

导弹预警卫星是探测导弹发射及飞行情况的卫星。卫星上装有红外线探测器，以便对敌方进攻的导弹上尾焰发出的红外辐射进行探测和跟踪。卫星还装有远摄镜头电视摄像机，以便向地面及时传输电视图像。预警卫星可以争取较多的预警时间，比如，对洲际导弹可取得25分钟预警时间，对

潜地导弹可取得5～15分钟预警时间。

海洋监视卫星主要用来监视水面舰船和水下潜艇的活动，有时也提供舰船之间、舰岸之间的通信。海洋监视卫星主要包括电子侦察型和雷达遥感型。前一种实际上就是电子侦察卫星，不过收集的信号是水中舰艇发出的无线电波；后一种卫星上装有大孔径雷达，可以不依赖对方发射的信号而主动探索目标，其精确程度比电子侦察卫星更高。苏联和美国在这方面的技术占据着领先地位。

核爆炸探测卫星主要用于获得别国发展核武器的重要情报。卫星上的特殊设备可用于探测核爆炸的各种效应，并进行综合分析，推断出核武器的发展动向和相应的攻防能力。

军用侦察卫星在现代战争中发挥着重要作用。1973年10月中东战争中，埃及军队攻势凶猛，突破了以色列的"巴列夫防线"，收复了西奈半岛，直冲向以色列的首都。这时，美国的侦察卫星发现埃及军队第二、三军团的接合部是个薄弱环节，便迅速将这一重要情报提供给以色列，使以色列军队果断地切断了埃及军队的后勤补给线。也正是在这个时候，苏联首脑柯西金带着苏联卫星拍摄的中东战争的有关照片飞往开罗，劝说埃及停火。

在1991年的海湾战争中，美国就是从各种军用侦察卫星上监测出伊拉克的军事力量的部署和动态，为取得战争胜利提供了坚实的保障。

目前，军用侦察卫星系统发展的动向是：多种遥感器同时并用，开发新型的遥感器，进一步提高实战侦察能力。随着科学技术的发展，侦察卫星的作用越来越大，已成为国家安全的重要保障。

航天飞机和航天站

军用航天器这个大家族中，还有两个重要成员，这就是航天飞机和航天站。

航天飞机能够在太空飞行。它的前段有驾驶舱和生活舱，温度在20摄氏度左右，可容纳3～7人生活7～30天；中段是有效载荷舱；后段是发动机。它实际上是一种卫星式载人飞船，可以在空中发射、维修、回收各种卫星，并能攻击和捕获敌方卫星，还可以在太空作战时担任指挥。

航天站是供航天员进行空中巡逻、长期工作和居住的大型航天器。宇航员的往返由载人飞船或航天飞机保障。航天站就像一个大型旅馆飘浮在太空中，又好像设立在太空中的哨所。这种特殊的哨所，是由苏联在1971年4月19日第一个发射成功的。我国于1970年4月24日发射了第一颗人造地球卫星。到1986年2月为止，共发射18颗人造地球卫星。我国是世界上能发射并能回收地球同步卫星的少数几个国家之一。但是，我国至今还没有航天站，就是在载人宇宙飞船方面，也还是处于研究和试验阶段。然而，我们应当看到，我们在高科技方面的发展速度是比较快的，在不远的将来一定能够达到世界先进水平。

如今，通过卫星在太空进行间谍战的序幕已经拉开，而

且大有愈演愈烈之势。过去人们认为是绝对和平的空间——太空，如今实际上也已经变成了战场。而在争夺太空的战争中，尖端的武器就是军用航天器。在过去的战争发展史上，人们曾认为"能称霸海洋的国家便可称雄世界"，为此必须具有强大的舰队；后来又有人认为"能具有制空权的国家便可称霸世界"，为此必须具有强大的作战机群队伍。如今，人们的观念又有了更新：只有掌握了制太空权，才能在未来的太空大战中取得主动权，为此必须具有最先进的航天器技术和强大的航天器群组。一两个超级大国正是看到了这一点，所以才在航天器技术方面，进行着越来越激烈的竞争，妄图霸占太空，进而独占世界。

我们中国是爱好和平的国家，我国人民对战争的态度一是反对，二是不怕。在全世界爱好和平的人们的共同努力下，超级大国妄图独占太空、霸占世界的梦想一定会破灭。

● 星球大战中的"王牌"武器——激光炮

大家是否有过这样的体会：在下雨的时候，即使是倾盆大雨，也不会给你的身体带来损害。但如果换成一股像水枪那样又细又猛的水流向你射来，就很容易把你击伤。这是什么道理呢？打个比喻吧，如果把前一种情况下的大雨比作"普通光"的话，后一种情况下的水枪式的水流就好比是

"激光"了。现在，就让我们从头说起吧。

1960年，人们用红宝石制成了一种特殊的仪器，发现在它周围的闪光灯发出的强光通过这个仪器后，就被转变成一束特别细、特别亮的光，这就是激光。这种仪器就叫激光器，后来人们又研制出了多种不同类型的激光器。

激光实际上就是受激辐射的光，它是一种特殊形式的电磁波。与普通光相比，激光有许多特点：第一，亮度特别高。有的激光亮度竟然比太阳的亮度还要高出很多倍。第二，激光方向性特别好，不易发散。激光在传播过程中始终像一条笔直的细线。比如，一束激光射到距离地球38万千米的月球上，光圈的直径也只不过是2千米；而探照灯的光束假如也能射到月球上的话，它的光圈直径将是几千千米或上万千米。可见，激光的方向性特别好，因此能量也就特别集中。谈到这里，我们对上面谈到水枪的例子也就不难理解了。第三，激光颜色特别纯。比我们通常看到的霓虹灯的颜色还要纯得多。此外，把强激光汇聚起来，就可以在聚焦处产生几千万摄氏度的高温，可以用来进行高难度焊接和高难度的医疗手术。由于激光有这么多神奇的地方，所以很快就受到了人们的重视，并且很快得到了广泛的应用。特别是在未来的星球大战中，激光将扮演重要角色，被作为太空大战中的"王牌"武器来使用。

1983年1月25日，美国空军曾宣布，他们用强激光武器的空中实验台——"飞机上的激光实验室"，成功地拦击了

五枚向它打来的"响尾蛇"导弹。本来导弹是飞得很快的，1秒钟就能飞行1000多米，但强激光器发射的"光弹"——激光束，是一种电磁波信号，每秒能走30万千米。因此，用"激光弹"打落导弹是件轻而易举的事情。在这次试验中，还用激光束引爆了装在一枚导弹头部的炸药。美国空军认为，这次试验的成功，是研究激光在军事上应用的一个"非常重大的里程碑"，是一次十分关键的实验。

利用激光良好的方向性制成的一种"激光制导炸弹"，是从飞机上发射出来的一束激光，使它照射到要攻击的目标上，再在炸弹头部装上一个用激光寻找目标的装置，它能接收从目标反射回来的激光，并控制炸弹的尾部，引导炸弹飞向要攻击的目标。激光的速度是每秒30万千米，一旦目标被激光照射上，它绝对逃不脱被导弹摧毁的命运。

激光在军事上的应用，确实使人震惊。1975年11月，美国两颗新式卫星在苏联境内进行侦察时，被苏联试验中的反卫星激光武器击伤，变成了废物。美国对此很是恼火，也积极地进行了用激光装置击落卫星的试验，并且试验用激光炮击毁空间火箭弹和其他可用于空间大战的武器。由此，人们预感到利用激光武器进行星球大战的时间不会太远了。同时，人们也清楚地看到，激光武器确实是星球大战中的"王牌"武器。

激光武器包括低能激光武器和高能激光武器两种。

低能激光武器是一种小型的激光发射装置，发射的激光能量不很高，主要用于射击单个敌人，使敌人失明、衣服着火或死亡等。此外，还可以使敌方的各种夜视仪器损伤、失灵等。这类激光武器有：激光枪、激光致盲武器等。

高能激光武器就是激光炮，它实际上就是能产生高能量激光束的激光发射装置。激光器产生的高能激光输出，由光束定向仪聚集形成了"炮弹"，再打到导弹或卫星等目标上。1976年10月，美国陆军用装在车上的激光炮，击落了两架无人驾驶的直升靶机。1978年11月，美国陆军再一次试验，用激光炮击中了正在高速飞行的反坦克导弹。后来，美国空军在飞机上发射了激光炮，第一次做了从空中攻击目标的试验。美国还研制了安装在卫星上的激光炮，用以拦击敌方卫星或其他航天器。可见，高能量的激光炮，确实是星球大战中的"王牌"武器。美国和苏联还都研制了安装在地面上或空间站上的激光炮，其功率很大，可进行远距离射击，从而能击中侦察卫星和通信卫星。

激光武器所以被人们称为星球大战中的"王牌"武器，主要是因为它有以下几个方面的特点：首先，火力强，可以直接摧毁目标。一般说来，强激光束有三种类型：可以产生高温的连续激光束；能产生强大冲击作用的高频脉冲激光束；同时产生连续激光束和脉冲激光束。当这些激光束作为"炮弹"打在目标上时，高温和强大的冲击作用，足以将目标熔毁，甚至气化。其次，速度快，它的速度是每秒30万千米，这大约是最快火箭飞行速度的40万倍。可以说"激光炮"一

闪，目标就被击中了，几乎没有时间间隔。第三，无后坐力，因为激光束的质量极小极小，激光炮可以机动灵活地向任何一个方向发射"光弹"，而根本不会影响射击的精度。

另外，激光武器是多次发射式武器。例如，脉冲式激光炮，可以轻而易举地在1秒钟内发射出1000发"光弹"。因此，美军认为："高能激光武器像原子弹一样，具有使传统的武器系统发生革命性变化的潜力，并可能改变战争的概念和战术"。当然，要完全建立空间激光武器系统，绝不是一件容易的事情，还需要克服许多技术上的困难，并进行长期的努力。

● 从嫦娥奔月到星球大战——第五维战场：天战

人类首次登上月球

嫦娥奔月是我国古代的一个神话故事。意思是说嫦娥偷吃了别人的不死之药，成了仙，飞奔上天到了月亮上面。在当时生产力水平很低的情况下，谁也无法实现"飞上天"的愿望。

自然科学是人们争取自由的一种武器。随着自然科学的发展，人们的活动范围不断扩大，从陆地到海洋，从水下到天上。1957年10月4日第一颗人造卫星上天，预示了人类在不久的将来有可能进入宇宙空间，闯进玉皇大帝的灵霄宝殿。

果然，1961年4月12日，苏联宇航员加加林乘坐"东方1号"宇宙飞船飞上了天，绕地球遨游一圈后安全返回地面，成为世界上第一位航天使者。1963年6月16日，苏联又发射了"东方6号"载人飞船，把世界上第一位女宇航员捷列什科娃送上太空，她在天上绕地球转了48圈后也安全返回地面。1969年7月16日，美国"阿波罗11号"宇宙飞船，载着3名宇航员飞往太空，并于7月20日驾驶登月舱在月球上着陆，第一次在月球上留下了人类的足迹。1970年4月24日，我国第一颗人造地球卫星也飞上了天，在太空奏响了《东方红》乐曲。

1981年4月12日，美国研制的世界上第一架航天飞机"哥伦比亚"号，首次试飞成功，开创了载人航天的新纪元。在后来的几年中，美国的航天飞机又多次到太空飞行，并完成了人工操作本领的测试以及发射卫星、对飞行中导弹的探测、太空造雪等多种试验。

值得一提的是，1984年8月30日至9月5日，美国第三架航天飞机"发现者"进行了首次飞行。在为期6天的飞行中，6名机组人员成功地向地球同步轨道发射了3颗通信卫星，同时还进行了利用太阳能的研究工作，并获得了成功。这就为未来制造大型航天站和太空太阳能发电站奠定了基础。大型航天站的建立，可以作为未来的天上军事基地。有的发达国家正计划建立航天部队，并用自己的卫星去"杀

伤"别国的卫星，等等。这就说明未来的太空是不平静的，太空空间战的危险是确实存在的。

太空中的美国"天军"

在1982年，美国全球形势分析公司董事长就曾经发表题为《未来的武器》的文章，他在文章中对50年以后的战争进行了描述。他认为，到2032年，战争的情况将和我们现在所熟悉的情况完全不同，一个重要的变化是战争的活动范围将扩大到一个新的天地——天空。在那里将会出现美国军队，他们在天空进行军事活动。美国"天军"所使用的一个关键性的"武器发射阵地"，将是航天母舰。到2032年，至少有

美国的国家导弹防御系统(NMD)

3个核动力航天母舰部署在同步轨道上。每艘航天母舰上能容纳1000多人，装有足够的物资，可以自主工作好几年。它装备有自卫武器，还配有进攻和防御系统。将使用高能激光武器和粒子束武器，能够摧毁地球上的目标、未加防护的宇宙飞船和正在接近它的带威胁性的导弹核武器。它上面的通信和监视系统将不断地监视天上的环境，对任何有威胁性的目标都能发出警报。因此，它将是指挥、控制和进行天战的核心。

航天母舰上的大型电子计算机，通过对几个多功能监视系统发来的信息的综合分析，就能估计出整个作战形势，并能自动给自己的进攻武器指示出最佳目标，同时提出隐蔽和伪装自己的措施，以避开敌人的攻击。月球可以作为一个通信联络、维修保养和后勤供应的远方基地。到时将使用激光通信，以确保通信的安全保密和连续性。

航天母舰将操纵一支小型的航天部队，从事侦察、阻击和运输工作。这些能够隐形的飞船负责检查敌方的航天器是否有不良企图，必要时加以攻击。战争有可能先在天上打起来，直到有一方控制了这个"无名高地"。到那时，胜利的一方将在天上像雷公电母那样，对地球上的事件施加影响。航天飞机直接飞进轨道并迅速返回地面，这将会成为经常的事情。

上面的分析是有科学根据的。如果你感到神乎其神的话，请看看下面的事实。

阻击"凶手"和"隐身勇士"

1976年11月，苏联从卡萨夫斯坦地区发射了一艘宇宙飞

船。它对已在轨道上运行的另一颗卫星跟踪了很久，后来逐渐接近。接近不久，宇宙飞船便自爆成许多碎片，冰雹般的碎片便把被跟踪的卫星摧毁了。这是干什么呢？原来这是苏联正在试验用一颗卫星去杀伤其他卫星。人们把这种专门跟踪并杀伤别国卫星的卫星，叫作"凶手"卫星。其实这并不是什么新鲜事，在1967～1971年期间，苏联就已经进行过16次与上述情况相类似的实验。实验高度从250千米至36 000千米，而这个高度正是美国军用通信卫星和导航卫星飞行轨道的高度。美国的通信卫星和导航卫星是美国的"眼珠子"，怎肯让别国的"凶手"卫星来危及自己的安全呢？于是，美国国防部便委托六家军工厂，赶快研制对付"凶手"卫星的拦截卫星。

不久，由美国研制的、具有隐形技术的拦击卫星，就像

F-15战斗机发射反卫星导弹

神秘的旅伴那样，紧紧地跟踪着苏联的"凶手"卫星。它还能用电视摄像机偷偷拍摄"凶手"卫星的真实情况，并能从各个角度查看。一旦发现"凶手"卫星的行径可疑，就会迅速运行到"凶手"卫星的身边进行自爆，与"凶手"卫星一同爆炸，同归于尽。美国军方还设想，把很多拦截卫星散布到高空，让这些"隐身勇士"预先埋伏在敌方卫星飞行的路径上，在紧急时刻可根据地面指挥部发出的无线电波指令一同出击。人们把这种卫星也叫作"地雷"卫星。

此外，美国还进行了反卫星导弹的飞行试验，这种导弹能根据敌方卫星放出的低微热量实施自动搜索、跟踪，并能以碰撞方式把敌方卫星击毁。同时，美国还开展了用定向能武器摧毁敌方卫星的研究工作。更有趣的是，美国还考虑使用航天飞机中的机械手抓住敌方卫星，把它"绑架"在航天飞机的大型货舱内。

20年前就有人预言："未来的空间将不会仍然是今天这样的圣所，它将不会是平平安安的领地。"由此不难看出，星球大战的可能性是存在的。

星球大战，人们把它叫作"天战"，它是继陆战、海战、空战、电子战之后的第五维战场，是人类战争史上的又一个新的阶段。

七、电磁波技术新趋向

20世纪已经过去，新的世纪已经到来。当我们回顾过去那些难忘岁月的时候，深深感受到电磁波对人类社会的发展和人们生活的改善产生的重大影响。展望新世纪，我们可以断言：与电磁波有关的新技术必将会有新的突破和更大的发展。不仅人类已经预言的将会变成现实，而且还一定会出现人类目前所不能预言的重大成就。电磁波技术的不断发展，始终是促进社会发展与进步的一支重要力量。在这里，我们将对电磁波应用技术发展的新趋向，进行一些简单的介绍，相信青少年朋友从中一定会得到一些新的启示，说不定未来电磁波技术的发展，还会有你的一份贡献呢!

● 微型卫星——开辟未来通信新时代

美国科学家已经宣布，两颗体积与移动电话大小差不多，与移动电话用相同的无线电技术的微型卫星，已经为通信技术的未来铺平了道路，为通信事业的发展开辟了一个新的时代。

这两颗微型卫星是人类有史以来被送入太空中的最小卫星，两颗卫星的重量加起来不到230克，体积仅为：（$10 \times 7.5 \times 2.5$）厘米^3，发射升空的时间是2000年1月26日。

负责这次实验飞行的航空航天公司的总部设在加利福尼亚，这是一家独立的非经营机构。该公司主持此项飞行计划的欧内斯特·鲁滨逊说，这两颗微型卫星证明了它们可以接收并传递地球发来的信号，从而开创了微型卫星的新时代。微型卫星不可避免将会取代如今正在围绕地球飞行的众多体积大、造价高的卫星。

罗克韦尔国际公司的科研中心，为这两颗微型卫星提供了无线联网技术和用显微机械加工制造的硅中继装置。该公司特别声称，这些技术将会"显著地减小未来用于电信、气象成像等领域的卫星的体积、能量消耗和制造成本"。

这两颗微型卫星被人们看作预见中的新一代的卫星——"纳米卫星"。未来的纳米卫星将被成批地送入太空，以组建大规模的通信中心。

鲁滨逊说，这两颗微型卫星被一根细线连接在一起，细线的中间夹着细细的金丝，这使得美军航天司令部的"太空监测网"可以顺利地确定卫星的方位。微型卫星更为复杂的飞行实验，将在2004年进行。

● 光脑将会取代电脑

20世纪末，比电脑更为先进的高技术产品——光脑，在英、法、德等国70多名科学家的努力下，终于诞生了。据说其运算速度比电脑快1000倍。现阶段，光脑的许多关键技术，比如光的存储技术、光电子集成电路技术等，都已取得了突破性成果。

现在我们使用的电脑，经多次技术革新以后，其技术水平已基本上达到了极限。原因首先是电脑以电流作为信息载体，而电流只能通过相互绝缘的导线来传送，这样其传输的速度就会受到限制；第二，虽然微电路中电子的定向运动所产生的电流非常微弱，但随着装配密度的提高，比如在指甲盖大小的硅片上可集成100多万个晶体管，这样在单位空间上所产生的热耗就大大增加了，这就限制了高性能电脑的微型化发展。

光脑能有效地克服以上的不足。首先，光脑是以光子流（如激光）作为信息载体，光子的传播速度比电子定向运动速度要快得多；其次，光子的传播不需要导线，即使在光线相交的情况下，也丝毫不会受影响；第三，光在空气中传播时，不会产生多少热量。另外，人们还可以利用光电设备随意调整光子流的方向，还可以利用光的频率和偏振等属性，取得更多的技术突破。

有一位科学家说，只使用一根头发丝般细的光纤，就能在不到1秒钟的时间里，将《大不列颠百科全书》的全部内容，从波士顿传到巴尔的摩。可见光脑的威力有多么大啊！

● 探测微观世界取得新成就

人们对微观世界的认识是无止境的。在此过程中，利用或观察电磁波是重要的一种研究方法，并且不断取得新的成果。现谈谈这方面的情况：

据《纽约时报》报道，中国和意大利的一个科学合作小组经过8年的实验研究，发现有一种物质可以自由穿过人的大脑而不留下任何痕迹；还可以穿越大地、穿越墙壁以及我们能见到的任何物质。这个实验的初步结果是：已经探测到了这种物质粒子偶尔碰撞碘化钠晶体中的原子核时发出的微弱电磁波，并据此推算出这种物质质量很大，它的粒子质量至少是质子质量的50倍。美国南卡罗来纳大学的物理学家弗兰克说，如果这一发现最后被证实，无疑是新世纪里具有获诺贝尔奖水平的重大发现。引起世界科学界轰动的是，这篇论文的8名作者中，有一半来自中国科学院高能物理所，中方的首席科学家是戴长江研究员。

另外，21世纪人类将同各种古怪而恐怖的新传染病病毒作斗争，征服这些新病毒将比我们今天征服任何疾病的斗争更为艰难。目前，科学家们已发现了一种坚不可摧的细菌，它被称作"能够抵御电磁辐射的恶魔细菌"。它在受到任何电磁波射线的"轰击"后依然如故。科学家们在南极地带纯洁的冰山里发现了这种恶魔细菌的"死孢子"，它们已被紫外线灼烤了百年。这些孢子被放入营养液后，它们的DNA发生重组，从而再次大量繁殖。如果科学家们成功地将其植入炭疽杆菌，其结果将是目前条件下谁也无法消灭的新病毒。

● 继续探索宇宙的奥秘

探索宇宙的奥秘离不开使用电磁波的手段。我们已经知道，一切航天飞行的探测器，都是通过对电磁波信号的控制而实现的。面对新世纪的到来，人们将继续通过电磁波，对宇宙的奥秘进行广泛而深入的探索。

飞向火星

前不久，美国科学家通过用电磁波信号控制的火星探测器对火星进行了探测研究，他们发现火星上有永久性冰冻层状的地质结构。这一发现将有助于科学家们进一步了解火星的气候史。美国太空总署火星轨道探测器发回地球的最新照片显示，火星南极地区表面存在着复杂的永久性冰冻层状地层结构，科学家们推测它的成分是干冰、冰和尘埃，认为这些东西形成于火星气候发生急剧改变的时期。科学家们将照片分为两组，从其中一组照片可以看出一种弯曲状的冰纹，第二组照片上也有干冰蒸发后留下的痕迹。

目前，美国宇航局火星探测计划的进展步伐将放慢，因为人们还没有找到以不撞击表面方式登陆火星的办法。负责行星探索计划的科学家卡尔·皮尔彻在休斯敦举行的月球和行星科学大会上说，美国将放弃在21世纪第一个10年内从火星表面取回岩石样本的计划。这一决定已把宇航员登陆火星的时间后移。目前，人类火星探测器只能采取先进入火星轨道，然后在气囊保护下，直接坠向火星表面的方法进行着陆，但这种方法并不安全。近年，美国已损失了"火星气候探测器"和"火星极地着陆者"两个火星探测器，这迫使宇航局重新审视火星探测计划。美国宇航局原定的派另一个机器人登陆火星计划也被取消，取而代之的是一个预算较小的火星探测器。美国宇航局还指出，"火星极地着陆者"探测器在接近火星时，起减速作用的火箭发动机过早关闭，导致了探测器的坠毁。负责调查的宇航局前资深官员托马斯·扬在报告中说，在即将着陆火星时，探测器机械腿上的传感器向计算机系统发出了假电磁信号，使计算机提前关闭减速用的火箭发动机，这使探测器以每小时80千米的速度撞向火星表面，这种撞击足以摧毁探测器。扬还说，探测器失踪还可能有其他原因，但最大的可能是发动机提前关闭，这主要是由

于电磁波控制信号的失灵造成的。有关报告还指出，除了减速器有问题外，探测器还存在其他严重缺陷，因此即使减速器能奇迹般地运作，探测任务亦不会成功。

令人迷惑的冥王星

近年来，人们对冥王星的研究又有新的说法。在新的世纪之初，美国罗斯地球及太空中心的科学家提出新理论，认为冥王星其实不是颗行星，而只是个巨大的冰块。他们说，在天王星外是一群由冰雪形成的彗星带，包括冥王星。但大部分天文学家认为，除非有确实证据，否则仍会视冥王星为太阳系第九颗行星。其实，冥王星一直与其他八大行星有所区别，其公转轨道比其他行星多倾斜17度角。20世纪末，天文学家在海王星外发现由数以百计的冰和石组成的彗星，并将之称为凯珀带，而大约有70颗彗星与冥王星的公转轨道相近。罗斯中心说，由于对行星没有一致的诠释，故应把太阳系分为太阳与五类物体：如像金星、水星、地球和火星一样由高密度石质形成的细小行星；在火星与木星之间由碎石和铁质物质形成的小行星带；巨大的气体星球如土星、木星、海王星、天王星和奥尔特星云以及凯珀带。对于冥王星，罗斯中心称，它是凯珀带的一分子。

无人探测器与"爱神"约会

2001年2月12日，美国发射的一个名为"近地小行星约会"的无人探测器，成功地降落在一颗叫作"爱神"的小行星上，实现了人类历史上的首次探测器与小行星的相会。

根据科学家们的估计，探测器降落速度大致相当于第二次世界大战期间降落伞着陆的速度，再加上小行星上的重力远比地球上的重力小，这个探测器"温柔"地亲吻了这个"爱神的脸"。

通过电磁波控制，让无人驾驶的小飞船考察小行星的重要目的之一，是研究小行星对地球和人类的威胁。根据天体学家们长期观测的结果推算，一些小行星随时都有可能穿过地球轨道。并且直径大于1千米的小行星总共有900多颗，它们被科学家们称之为危险的"近地球小行星"。其中40%的小行星的准确位置已经被科学家们观测到，这些小行星在未来数百年内都不可能撞击到地球。但是仍有60%的小行星因其具体方位还不明确，所以这也就构成了对地球的潜在威胁。

"爱神"小行星实际上是块土豆状的大石头，长34千米，宽13千米。它与地球一样，也绕着太阳运转，但是它的引力只有地球的千分之一。尽管它对地球不构成威胁，科学

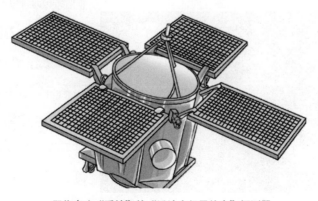

即将亲吻"爱神"的"近地小行星约会"探测器

家们还是想通过对它的探测能增加对小行星的了解，并且通过对有关数据的分析和论证，找到对付可能威胁地球安全的小行星的方法。

"近地小行星约会"探测器是于1996年1月发射升空的，于2000年2月14日成功进入"爱神"小行星的轨道，并开始对它进行跟踪和探测。终于在2001年2月12日，成功地在这颗小行星上着陆，温柔地亲吻了这颗"爱神"。

前不久，由美国、以色列和澳大利亚天文学家组成的一个小组宣布，他们首次发现了双恒星系统周围有可能存在行星的证据，这一发现意味着太阳系外的行星数量可能高于原先的估计值。新发现的行星质量相当于太阳系中木星的3倍，距地球约2万光年。该行星围绕运转的两颗恒星之间相距1.8个天文单位，即相当于地球与太阳之间距离的1.8倍。寻找太阳系外的行星系统，是当前天文学的研究热点之一。迄今为止，科学家们发现的太阳系外的行星约有20多颗，它们都分别围绕某一个恒星运转。这里应当说明的是，在研究太阳系外行星的过程中，电磁波应用技术是不可缺少的重要手段。

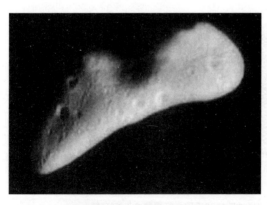

外形如土豆的"爱神"小行星

● 中国不断取得新成就

飞向太空的"神舟号"

20世纪末，我国成功地发射并回收了第一艘无人飞船"神舟号"。21世纪初，我国又成功地发射、回收了第二艘无人飞船"神舟二号"。这标志着我国对外层空间研究的逐步深入，并正在向世界一流目标靠拢。

2001年2月，中国权威航天专家透露，中国计划今后5年研制多艘"神舟号"载人飞船，以最终在本世纪初实现载人航天技术的历史性突破，将中国宇航员送入太空。这意味着中国不久将实现载人航天的目标，成为世界上第三个独立自主把宇航员送上太空的国家。中国空间技术研究院院长徐福祥说，中国空间技术研究院将承担多艘"神舟号"飞船的研制任务。他还说，今后5年中国还将研制和发射近30颗人造卫星，包括通信卫星、导航卫星、气象卫星、资源卫星、海洋卫星、环境与灾害监测卫星、天文卫星、空间探测卫星等15类。其数量、质量和性能都将比过去有"很大的提高"。

向深海大洋进军

中国工程院院士、国家海洋研究二所研究员金翔龙，在浙江省专家学者2001年新春茶话会上透露，我国正准备研

制深海载人潜器，向2千米以下的深海大洋进军。金院士认为，在科技竞争越来越激烈的今天，外层空间的科研领域已基本被瓜分，中国要想在新的世纪里迅速发展壮大，就必须向海洋发展，征服深海空间，成为海洋强国。据了解，如今全世界只有美、法、日、俄四个国家拥有深海（指2000米以下）载人潜器技术。目前，研制深海载人潜器的计划，已被列为国家重点科研项目。

据2001年2月15日报道，中国上海电信公司运行维护部国际设备主管刘绍宽介绍说，中美海底光缆故障地点，距离崇明岛375千米，位于70米深的海底。这样的维修工作不可能靠人潜水下去进行，而只能靠遥控的无人潜水器系统来完成，这种遥控的无人潜水器系统，就是我们通常说的"水下机器人"。日本KCS海缆船上的一台水下机器人，价值600万美元，灵巧异常。

刘绍宽还介绍说，中国也已经具备了制造多种机器人的能力，并且已经制造出了与上述功能相类似的"海狮"水下机器人。

● 太阳活动对人类的影响

2000年是第23个太阳活动高峰年。由此产生的地球磁场的骤然变化，空气中的氡气浓度升高，太阳光的能量增强以及某些宇宙射线的穿刺，将对人类的健康产生一定的影响。

首先，会引起人的情绪波动，甚至会引起一些疾病的发生。美国研究人员说，上次太阳活动高峰年期间，美国精神病院的患者增加了数倍。其次，太阳活动高峰年还会导致心脏病、中风等病人数量增加。莫斯科研究中心的分析报告说，太阳风暴吹袭地球时，由于电磁场的变化，使心脏病、中风等病人数量增加了15％。科学家们提醒大家，应当提高防范意识，增强心理承受能力。还有，在太阳活动高峰期，所发生的电磁辐射还可降低人的淋巴细胞功能，从而引起人体免疫力的下降。但研究人员尚难定出是太阳辐射电磁波中的哪一部分影响了人体的免疫能力。

紫金山天文台的专家们证实，从2000年3月开始，太阳活动进入新一轮的"极大年"。现代科学认为：太阳活动进入"极大年"后，太阳的电磁波辐射，尤其是有害的紫外线辐射，将会更加剧烈，对我们生活的影响将比以前更大。与此同时，由于人类大量使用了制冷设备，导致了全球性的臭氧衰竭，使太阳的有害辐射成为危害人类健康的一个重要因素。据推算，每减少10％的臭氧，紫外线的辐射将增加20％，由此皮肤癌的发生率将增加20％，白内障将增加6％。因此，人类必须对现有的日常生活方式进行相应的调整，从生活上趋利避害，提倡并讲究新的个人保健习惯和行为理念。

穿衣方面。如果不考虑年龄结构和片面追求时髦的话，应当首选红色，其次选白色，禁忌选用黑色。而红白相间、蓝白相套的搭配，既不会失去现代人对美的追求，又避免了

当前天文环境的恶劣影响。

饮食方面。为了减少太阳活动"极大年"带来的癌症发病率升高的影响，最佳的对策之一，是多食用含胡萝卜素和维生素多的食物。临床试验证明，多摄入胡萝卜素，可降低患癌症的死亡率，而维生素A能阻止癌细胞的增长，使正常组织恢复功能。红、黄、绿色蔬菜和水果，各类动物的肝、肾，各种蛋类的蛋黄以及牛奶等，都是含胡萝卜素和维生素A较多的上乘膳食。

居住方面。在太阳活动"极大年"，地球生物圈和人类的生存环境，将会遭到前所未有的强大的物理冲击。尤其对地球磁场的搅乱更甚，并会引发一种神秘射线使人类患多种疾病，如精神忧郁、烦躁不安、头痛失眠、惊恐不宁、神经衰弱等。专家们研究指出，地辐射是一种直线性冲击辐射，它与照相机对焦一样，只有刚好对准焦点才能致病，因此，只要巧妙地避开"辐射焦点"，自然就会安全无事。也就是说，当察觉到自己身体突然不适或出现上述病情时，就应当立即挪动身体的位置，以避开地辐射的不良影响。

行走方面。人体过度接受太阳紫外线辐射，将会全面降低正常的免疫功能，使后天的免疫缺陷加剧，能诱发心脑血管等25种疾病，其中最明显的危害是皮肤癌的发病率增大。为此，专家们提出最有效的办法是户外的综合防护措施，避开强光的照射，养成戴太阳帽和太阳镜的良好习惯等。

● 防范计算机泄密

随着计算机技术的发展，出现了能让计算机接收无线电信号的软件，这使得计算机窃密变得越来越容易了。这是一种很危险的情况。最近英国剑桥大学的研究人员，研究出了反计算机窃密的方法。

通过电子设备截获计算机发出的无线电信号，窃密者可以很容易获取计算机中的数据，然而调谐设备和天线不易得到，也十分昂贵。近来出现一种新型软件，叫"软件电台"，它可以使计算机接收到任何波段的无线电信号，这使得窃密既简单又便宜。一块个人电脑线路板和一个插入式天线就够了。在软件的控制下，计算机就可以调谐接收无线电信号，然后再经过数字信号处理芯片滤掉噪声就可以了。

第一位让世人知道这种计算机犯罪的人，是英国人彼得·赖特。他通过截取法国编码机输入过程中泄出的电磁波获取了法国传送的文件。

金属罩具有屏蔽作用，但用来防止计算机辐射泄密却是困难的。现在普遍使用的塑料机箱也会使计算机的电磁波辐射出来。传统计算机硬盘驱动器的读写头，通常总是停留在最后读取的数据磁道上，这为窃密者计算机中调谐装置对被窃密

的信号的锁定提供了清晰的电磁波辐射信号。

英国剑桥大学的两位发明家巧妙地解决了计算机泄密问题，他们给计算机装上特定的软件，以确保磁头总是停留在磁盘上没有信息的区域。他们还建议对文本尽量使用那些笔画圆润的字体，这样能使机器的高频辐射减少。而笔锋犀利的字体会使信号变大，导致高频谐波过多，高频谐波能传得较远。

另外，键盘也存在问题，它依赖扫描码，扫描码的辐射会泄露你敲打的是哪些键。鉴于此，英国这两位发明家还建议使用随机数发生器来改变扫描码，以确保计算机中的秘密信号不被泄露出去。

● 防止电磁波辐射的污染

电磁波有非常多的用处，前面大量的事实已经说明了这个问题。可以想象，如果没有电磁波的应用，我们现在的生活会是什么样子！但是事情总是一分为二的，电磁波也有另外一方面的问题，也就是人们所担心的电滋波对人体的危害作用。

有消息说，电磁波将成为"全球第四大污染源"。这尽管有些耸人听闻，但也确有研究证明了这一观点。前不久，《英国星期观察家》就曾发表文章说，移动电话所释放的电磁波辐射会刺激脑部一种类似吗啡的化学物质而使人上瘾，所以一些人在打手机时会滔滔不绝。为了减小电磁波辐射对人体的不良影响，专家建议，用手机通话时要将天线拉出，这样所获得的外界信号就较强，其对应的发射功率就减小；同时应尽可能选择较开阔的地方通话，如高处、窗口、路边等；使用手机时如感到头部发热、发晕，应立刻停止通话。

其实，大家也不必为此担心。问题的关键在于多大剂量的或者多大强度的电磁波才对人体的健康产生危害。高强功率的电磁波不仅会影响人身体健康，还可以造成杀伤，这是指非常大的功率，使人体的温度有非常大的升高才起作用。如果功率小到一定程度，作用就不会这样大。实际上，电磁波对人体影响的研究，自人类认识电磁波以来就开始了。上百年以来，大批科学家经过不懈的研究，目前对这个问题已经有了一个比较一致的认识，那就是得有一个安全防护标准。现在我们制定的安全防护标准，是在国际大批科学家研究的基础上，根据科学结论制定的，在制定过程中，还打了个很高的保险系数。我国制定的标准比欧美国家还要严，这是对人民群众健康负责的表现。不论我们周围的电磁环境如何复杂，只要不违反国家制定的标准，不超过这个标准，在这样的电磁环境下工作和生活，对身体健康是没有任何影响的。

实际上人在任何时候都生活在一个非常复杂的电磁环境中，家里的电器如电视机、微波炉、电冰箱、洗衣机等，哪个没有电磁波？但这里有个量的问题。就是连天上那么多卫星辐射的电磁波信号在内，我们所接收到的电磁波能量也没有超过国家制定的安全标准：40微瓦／厘米^2。就连电气化程

度高的香港地区也没有超过这个标准。

总的来说，对电磁波要有个客观的评价。人类在很多方面应用了它，改变了社会，促进了人类文明的进程，对此人们是没有争议的。对于电磁波所产生的负面影响和危害，也要实事求是地分析，不要说电磁波完完全全一点影响都没有，也不要说得过于严重，关键得有个量的概念，其标志就是"国家安全防护标准"。只要在这个"标准"之下，是不会有什么问题的，是绝对安全的；一旦超过了这个"标准"，就有可能产生负面影响，超过得越多，危害就越大，我们掌握这个界限是非常重要的。

最新的新闻报道指出："隐形杀手"电磁波遭遇"克星"。文章说上海华天电磁波防护材料有限公司新近研制成功的金属镀膜纤维布，能有效抵御电磁波的辐射，为人类健康筑起一道保护屏障。

这种特殊布料，可裁剪做成各种工作服、背心、手套、帽子、围巾等等。据测定，金属镀膜纤维屏蔽布，对电磁波的屏蔽率达到95％以上。在工作需要的时候，只要穿上用这种布做的衣服等，就能有效地抵御电磁波的辐射，从而保证人们的健康。

以上我们谈了许多电磁波应用技术发展的趋向性问题，事实上，电磁波应用技术发展的新突破还有很多很多。我们可以断言，光电应用技术的新发展，必将推动科学技术革命新高潮的到来，展现在我们面前的21世纪将更加灿烂辉煌。